Taschenbuch
für
Jugenieurs und Artilleristen,

welches die
nöthigsten Maaße, Formeln und Notizen
enthält.

Zunächst für den Feldgebrauch.

Vom
Königlich Preußischen General-Major
von Hoyer.

Mit Kupfern.

Berlin, 1818.
In der Realschulbuchhandlung.

Vorrede.

Selbst bei der genauesten Bekanntschaft mit den Wissenschaften des Ingenieurs und Artilleristen, kann man der Tafeln und Formeln nicht entbehren: theils um sich öfters weitläuftige Rechnungen zu ersparen, wozu es im Felde gewöhnlich an Zeit und Ruhe fehlet, theils um sich bei vorkommenden Fällen schnell zu helfen, und dem treulosen Gedächtniß zu Hülfe zu kommen. Dies bewog mich, schon früher die folgenden Notizen zusammen zu tragen, und sie jetzt dem Druck zu übergeben.

Sie enthalten größtentheils Alles, was dem Offizier vorerwähnter beiden Truppen-Arten für den Felddienst unentbehrlich seyn kann, um da sich schnell zu helfen, wo die Umstände das Nachschlagen wissenschaftlicher Werke unmöglich machen. Zweckmäßigkeit, bei möglichster Beschränkung des Raumes, war das Ziel, welches ich dabei unverrückt im Auge behielt: Gassendi's Weitläuftigkeit (Aide-mémoire etc.) die Klippe, welche ich zu vermeiden strebte. Daher die Kürze und Gedrängtheit der Nachrichten: so daß die zu jedem einzelnen Fache gehörigen, besonders gebunden, nur wenig Raum im Taschenbuche des Offiziers einnehmen. Wer ein größeres Bedürfniß fühlt, kann leicht die ihm noch fehlenden Notizen nachholen und den vorhandenen hinzufügen, ohne daß ein einzelner Abschnitt, der sie enthält, dadurch bedeutend vergrößert wird.

Verbesserungen.

Seite 6 Zeile 9, neben Braunschweig, setze man in die Zahlenspalte: 126,8.

— 31 — 6 statt: $\left(\frac{a}{2}\right)^2$ lese man: $\left(+\left(\frac{a}{2}\right)\right)^2$

— das. — 11 statt: $\frac{1}{2} n y^2 h$, lese man: $\frac{1}{4} n y^2 h$

— 66 — 9 statt: Pfälzer, lies: Pfähle.

— 68 — 20 statt: Rracx, lies: 2Rracx.

— — — 21 statt: (=, setze: =(

— — — 22 hinter m, lies: gewöhnlich.

— 70 — 8 statt: der, lies: die.

— 73 — 17 statt: Eine, lies: Einen.

— 91 in der Tafel, letzte Spalte, statt: $209\frac{1}{3}$, setze: $205\frac{1}{3}$.

95 letzte Zeile, statt: 2 mal, lies: 2.

Ankündigung.

Die häufigere Anwendung, welche man in der neuern Zeit anfängt, von Montalemberts Ideen zu machen, deren Vortheile wesentlich und anerkannt sind, muß nothwendig eine nähere Bekanntschaft mit jenen Ideen wünschenswerth erscheinen lassen: und dennoch wird sie durch den außerordentlich hohen Preis des Werkes sehr erschweret. Ich glaube daher, dem deutschen Ingenieur durch eine zweckmäßige Bearbeitung der Fortification perpendiculaire einen Dienst zu erzeigen, indem ich sie durch Hinwegschneidung der bloßen Streitigkeiten, der nicht zur Sache gehörigen Ausfälle, und der vielen Wiederholungen, von Dreizehn auf Vier Bände herabsetze, und zugleich das Ganze in eine systematische Ordnung bringe, die man gegenwärtig ganz darinnen vermißt.

Diese Folgereihe der Gegenstände würde demnach:

1) den Nutzen der Festungen, im Angriffs- wie im Vertheidigungskriege, mit des Marquis eignen Worten darstellen;

2) die Mängel der — seit Erfindung der Feuergeschütze aufgekommenen — Befestigungsart mit Bollwerken zeigen, und

3) die Mittel angeben, ihnen zum Theil abzuhelfen: wo die Runden Thürme mit Seitenvertheidigung eine wichtige Stelle einnehmen. Sie wird dann

4) zu den eigenthümlichen Ideen des Marquis übergehen: der von ihm sogenannten Befestigung mit rechtwinklicher Bestreichung, deren Linien, durch vorgelegte, fünfseitige Caponieren, Graben- und Seitenvertheidigung erhalten. Dabei wird zugleich

5) der runden Befestigung und der Umschließung der Städte mit bloßen Mauern erwähnet. In der natürlichen Ordnung kommen nun

6) Anordnungen zu einzelnen Forts und Vorwerken;

7) die Hafenbefestigung; und endlich

8) die Anwendung dieser Befestigungsart bei Feldwerken und bei Grenzvertheidigungen. Die dem Verfasser eigenthümliche Einrichtung der Schießscharten in bombenfesten Gewölben wird ad 3) beschrieben. Der

Anhang aber wird zur Darstellung der, von dem Marquis vorgeschlagenen (sehr zweckmäßigen) Kasemattenlaffeten, und ihrer Anwendung zum Feldgebrauch bestimmt.

Jeder Band wird etwa 24 Bogen stark, und 6 bis 10 Kupferplatten enthalten, und der Erste in Kurzem erscheinen.

von Hoyer,
Königlich Preußischer General-Major.

Die unterzeichnete Buchhandlung hat den Verlag des oben angekündigten Werks übernommen, und wird bemüht seyn, für ein angemessenes Aeußere zu sorgen. Der Ladenpreis des Ganzen wird etwa 15 Rthlr. betragen. Der Vorausbezahlungspreis hingegen, welcher bis Ende Julii d. J. offen bleibt, ist Zwei Friedrichsd'or. Wer für 10 Exemplare die Vorausbezahlung einsendet, erhält das 11te unentgeltlich.

Berlin, im April 1818.

Die Realschulbuchhandlung.

Mathematische Notizen.

Inhalt.

I. Mathematische Notizen.

1. Festgesetzte Maaßstäbe (nach dem Königl. Preuß. Ingenieur-Reglement.)

	Auf 1 Rheinländ. Duodez. Zoll	
	Ruthen.	Fuß.
Zu den Profilen einzelner Festungswerke, zu einzelnen Gebäuden, Magazinen, Brücken rc. . .	—	12
Zu dem Grundriß einzelner Werke, wenn er bei dem Bau gebraucht werden soll.	—	24
Zu dem Grundriß einer einzelnen Polygonseite	6	—
Zu dem Grundriß von projektirten oder in Arbeit stehenden Festungswerken	12	—
Zu dem Grundriß ganzer Festungen	20	—
Zu dem Grundriß derselben mit umliegendem Terrain	83	4 oder
	1000 auf 1 Fuß.	
Zu topographischen Karten und Terrainplans, 2 bis 12 Zoll die deutsche Meile.		

2. Vergleichung der Fußmaaße.

		Pariser Linien.
1 Fuß	Aachner	128,5
1 —	Amsterdamer	125,5
1 —	Basel und Zürich . .	132,2
1 —	Bologna	168,2
1 —	Braunschweig wie Würtemberg.	
1 —	Danziger	127,2
1 —	Dänisch	139,13
1 —	Dresdner	125,3
1 —	Englisch	135,1
1 —	Krakauer	158
1 —	Mailändisch	176
1 —	Münchner	128,2
1 —	Nürnberger Artillerie .	129,8
1 —	Pariser	144
1 Mètre —	. . . .	443,29
1 Fuß	Prager	131,4
1 —	Rheinländisch	139,13
1 —	Russisch	238,6
1 Arschin	. . . .	315,4
1 Palmo	in Sardinien . . .	110,1
1 Fuß	Schlesisch	126
1 —	Schwedisch	131,6
1 —	Sizilianisch	107,3
1 —	Spanisch	125,3
1 —	Wiener	140,13
1 —	Würtemberger	126,8

Neu Französ.	Alt Französisch Maaß.				Rheinländisch Maaß.			
Mètres	Toise.	Fuß.	Zoll.	Linien.	Ruthen.	Fuß.	Zoll.	Linien.
0,001	—	—	—	0,443	—	—	—	0,458
0,002	—	—	—	0,887	—	—	—	0,917
0,003	—	—	—	1,330	—	—	—	1,376
0,004	—	—	—	1,773	—	—	—	1,835
0,005	—	—	—	2,216	—	—	—	2,294
0,006	—	—	—	2,660	—	—	—	2,752
0,007	—	—	—	3,103	—	—	—	3,211
0,008	—	—	—	3,546	—	—	—	3,670
0,009	—	—	—	3,990	—	—	—	4,129
0,01	—	—	—	4,433	—	—	—	4,588
0,02	—	—	—	8,866	—	—	—	9,176
0,0	—	—	1	1,299	—	—	1	1,764
0,04	—	—	1	5,732	—	—	1	6,352
0,05	—	—	1	10,163	—	—	1	10,941
0,06	—	—	2	2,598	—	—	2	3,528
0,07	—	—	2	7,031	—	—	2	10,116
0,08	—	—	2	11,464	—	—	3	0,705
0,09	—	—	3	3,897	—	—	3	5,293
0,1	—	—	3	8,330	—	—	3	9,881
0,2	—	—	7	4,659	—	—	7	7,762
0,3	—	—	11	0,989	—	—	11	5,644
0,4	—	1	2	9,318	—	1	3	3,545
0,5	—	1	6	5,648	—	1	7	1,406
0,6	—	1	10	1,978	—	1	10	11,288
0,7	—	2	1	10,307	—	2	2	9,169
0,8	—	2	5	6,637	—	2	6	7,050
0,9	—	2	9	2,966	—	2	10	4,931
1	—	3	—	11,296	—	3	2	2,813
2	1	—	1	10,592	—	6	4	5,625
3	1	3	2	9,888	—	9	6	8,438
4	2	—	3	9,184	1	—	8	11,251
5	2	3	4	8,480	1	3	11	2,063
6	3	—	5	7,776	1	7	1	4,876
7	3	3	6	7,072	1	10	3	7,689
8	4	—	7	6,367	2	1	5	10,501
9	4	3	8	5,663	2	4	8	1,314

Neu Französ.	Alt Französisch Maaß.				Rheinländisch Maaß.			
Mètres	Toise	Fuß	Zoll.	Linien.	Ruthen	Fuß	Zoll.	Linien.
10	5	—	9	4,959	2	7	10	4,127
11	5	3	10	4,255	2	11	—	6,940
12	6	—	11	3,5[illegible]1	3	2	2	9,752
13	6	4	—	2,847	3	5	5	0,565
14	7	1	1	2,143	3	8	7	3,377
15	7	4	2	1,439	3	11	9	1,190
16	8	1	3	0,735	4	2	11	9,002
17	8	4	4	0,031	4	6	1	11,815
18	9	1	4	11,327	4	9	4	2,628
19	9	4	5	10,623	5	—	6	5,431
20	10	1	6	9,919	5	3	8	8,254
30	15	2	4	2,878	7	11	7	0,381
40	20	3	1	7,837	10	7	5	4,519
50	25	3	11	0,797	13	3	3	8,636
60	30	4	8	5,756	15	11	2	0,763
70	35	5	5	10,716	18	7	—	4,900
80	41	0	3	3,675	21	2	10	9,038
90	46	1	0	8,634	23	10	9	1,145
100	51	1	10	1,594	26	6	7	5,272
200	102	3	8	3,[illegible]87	53	1	2	10,545
300	152	5	6	4,781	79	7	10	3,818
400	205	1	4	6,374	106	2	5	9,090
500	256	3	2	7,968	132	9	1	2,363
600	307	5	0	9,562	159	3	8	7,636
700	359	0	10	1,155	185	10	4	0,908
800	410	2	9	0,749	212	4	11	6,180
900	461	4	7	3,224	238	11	6	11,454
1000	513	0	5	3,9[illegible]6	265	6	2	4,727
2000	1026	0	10	7,872	531	—	4	9,454
3000	1539	1	3	11,808	796	6	7	2,182
4000	2052	1	9	3,744	1062	—	9	6,909
5000	2565	2	2	7,680	1327	6	11	11,637
6000	3078	2	7	11,616	1593	1	2	4,364
7000	3591	3	1	3,552	1858	7	4	9,092
8000	4101	0	8	7,488	2124	1	7	1,819
9000	4617	3	11	11,424	2389	7	9	6,547
10000	5130	4	5	3,36	2655	1	11	11,275

Neu Französ. Maaß	Englisches Maaß				Russisches Maaß		
Mètres	Yards	Fuß	Zoll	Linien	Saschen	Arschinen	Werschock
0,001	—	—	—	0,393	—	—	0,022
0,002	—	—	—	0,787	—	—	0,045
0,003	—	—	—	1,180	—	—	0,067
0,004	—	—	—	1,574	—	—	0,090
0,005	—	—	—	1,967	—	—	0,112
0,006	—	—	—	2,361	—	—	0,135
0,007	—	—	—	2,754	—	—	0,157
0,008	—	—	—	3,148	—	—	0,180
0,009	—	—	—	3,541	—	—	0,202
0,01	—	—	—	3,935	—	—	0,225
0,02	—	—	—	7,869	—	—	0,448
0,03	—	—	1	1,804	—	—	0,674
0,04	—	—	1	5,738	—	—	0,899
0,05	—	—	1	9,673	—	—	1,124
0,06	—	—	2	3,607	—	—	1,349
0,07	—	—	2	7,542	—	—	1,574
0,08	—	—	3	1,476	—	—	1,796
0,00	—	—	3	5,411	—	—	2,023
0,1	—	—	3	9,345	—	—	2,248
0,2	—	—	7	8,690	—	—	4,497
0,3	—	—	11	8,035	—	—	6,745
0,4	—	1	3	7,381	—	—	8,993
0,5	—	1	7	6,726	—	—	11,241
0,6	—	1	11	6,071	—	—	13,489
0,7	—	2	3	5,416	—	—	15,738
0,8	—	2	7	4,761	—	—	1,986
0,9	—	2	11	4,106	—	—	4,234
1	1	—	3	3,452	—	1	6,483
2	2	—	6	6,903	—	2	12,966
3	3	—	10	0,355	1	1	3,449
4	4	1	1	3,806	1	2	9,932
5	5	1	4	7,258	2	1	0,415
6	6	1	8	0,710	2	2	6,898
7	7	1	11	4,162	3	—	13,380
8	8	2	2	7,613	3	2	3,864
9	9	2	6	1,065	4	—	10,347

Neu Französ. Maaß	Englisches Maaß.				Russisches Maaß.		
Mètres	Yards	Fuß	Zoll	Linien	Sasch	Arschinen	Werschock
10	10	2	9	4,517	4	2	0,830
11	12	—	—	7,965	5	—	7,313
12	13	—	4	1,420	5	1	13,796
13	14	—	7	4,872	6	—	4,279
14	15	—	10	8,324	6	1	10,762
15	16	1	1	11,776	7	—	1,245
16	17	1	5	5,226	7	1	7,728
17	18	1	8	8,678	7	2	14,211
18	19	2	—	2,130	8	1	4,694
19	20	2	3	5,582	8	2	11,177
20	21	2	6	9,033	9	1	1,659
30	32	2	4	3,550	14	0	2,489
40	43	2	1	8,066	18	2	3,318
50	54	1	11	2,582	23	1	4,148
60	65	1	8	7,099	28	0	4,978
70	76	1	6	1,616	32	2	5,807
80	87	1	3	6,132	37	1	6,637
90	98	1	1	0,649	42	0	7,467
100	109	0	10	5,165	46	2	8,296
200	218	1	9	0,331	93	2	0,592
300	327	2	7	5,496	140	1	8,889
400	437	0	6	0,661	187	1	1,185
500	546	1	4	5,827	234	0	9,481
600	655	2	3	0,992	280	0	1,777
700	765	0	1	6,157	327	2	10,074
800	874	1	0	1,322	374	2	2,370
900	983	1	10	6,488	421	1	10,666
1000	1092	2	9	1,653	468	1	2,962
2000	2185	2	6	3,306	936	2	5,924
3000	3278	2	3	4,954	1405	0	8,886
4000	4371	2	0	6,612	1873	1	11,848
5000	5464	1	9	8,265	2341	2	14,811
6000	6557	1	6	9,918	2810	1	1,773
7000	7650	1	4	1,571	3278	2	4,735
8000	8743	1	1	3,224	3747	0	7,697
9000	9836	0	10	4,877	4215	1	10,659
10000	0929	0	7	6,530	4683	2	13,621

3. Quadrate u. Würfel der Zahlen von 1 bis 1000.

Zahl	Quadrat	Würfel	Zahl	Quadrat	Würfel
1	1	1	36	1296	46656
2	4	8	37	1369	50653
3	9	27	38	1444	54872
4	16	64	39	1521	59319
5	25	125	40	1600	64000
6	36	216	41	1681	68921
7	49	343	42	1764	74088
8	64	512	43	1849	79507
9	81	729	44	1936	85184
10	100	1000	45	2025	91125
11	121	1331	46	2116	97336
12	144	1728	47	2209	103823
13	169	2197	48	2304	110592
14	196	2744	49	2401	117649
15	225	3375	50	2500	125000
16	256	4096	51	2601	132651
17	289	4913	52	2704	140608
18	324	5832	53	2809	148877
19	361	6859	54	2916	157464
20	400	8000	55	3025	166375
21	441	9261	56	3136	175616
22	484	10648	57	3249	185193
23	529	12167	58	3364	195112
24	576	13824	59	3481	205379
25	625	15625	60	3600	216000
26	676	17576	61	3721	226981
27	729	19683	62	3844	238328
28	784	21952	63	3969	250047
29	841	24389	64	4096	262144
30	900	27000	65	4225	274625
31	961	29791	66	4356	287496
32	1024	32768	67	4489	300763
33	1089	35937	68	4624	314432
34	1156	39304	69	4761	328509
35	1225	42875	70	4900	343000

Zahl	Quadrat	Würfel	Zahl	Quadrat	Würfel
71	5041	357911	106	11236	1191016
72	5184	373248	107	11449	1225043
73	5329	389017	108	11664	1259712
74	5476	405224	109	11881	1295029
75	5625	421875	110	12100	1331000
76	5776	438976	111	12321	1367631
77	5929	456533	112	12544	1404928
78	6084	474552	113	12769	1442897
79	6241	493039	114	12996	1481544
80	6400	512000	115	13225	1520875
81	6561	531441	116	13456	1560896
82	6724	551368	117	13689	1601613
83	6889	571787	118	13924	1643032
84	7056	592704	119	14161	1685159
85	7225	614125	120	14400	1728000
86	7396	636056	121	14641	1771561
87	7569	658503	122	14884	1815848
88	7744	681472	123	15129	1860867
89	7921	704969	124	15376	1906624
90	8100	729000	125	15625	1953125
91	8281	753571	126	15876	2000376
92	8464	778688	127	16129	2048383
93	8649	804357	128	16384	2097152
94	8836	830584	129	16641	2146689
95	9025	857375	130	16900	2197000
96	9216	884736	131	17161	2248091
97	9409	912673	132	17424	2299968
98	9604	941192	133	17689	2352637
99	9801	970299	134	17956	2406104
100	10000	1000000	135	18225	2460375
101	10201	1030301	136	18496	2515456
102	10404	1061208	137	18769	2571353
103	10609	1092727	138	19044	2628072
104	10816	1124864	139	19321	2685619
105	11025	1157625	140	19600	2744000

Zahl	Quadrat	Würfel	Zahl	Quadrat	Würfel
141	19881	2803221	176	30976	5451776
142	20164	2863288	177	31329	5545233
143	20449	2924207	178	31684	5639752
144	20736	2985984	179	32041	5735339
145	21025	3048625	180	32400	5832000
146	21316	3112136	181	32761	5929741
147	21609	3176523	182	33124	6028568
148	21904	3241792	183	33489	6128487
149	22201	3307949	184	33856	6229504
150	22500	3375000	185	34225	6331625
151	22801	3442951	186	34596	6434856
152	23104	3511808	187	34969	6539203
153	23409	3581577	188	35344	6644672
154	23716	3652264	189	35721	6751269
155	24025	3723875	190	36100	6859000
156	24336	3796416	191	36481	6967871
157	24649	3869893	192	36864	7077888
158	24964	3944312	193	37249	7189057
159	25281	4019679	194	37636	7301384
160	25600	4096000	195	38025	7414875
161	25921	4173281	196	38416	7529536
162	26244	4251528	197	38809	7645373
163	26569	4330747	198	39204	7762392
164	26896	4410944	199	39601	7880599
165	27225	4492125	200	40000	8000000
166	27556	4574296	201	40401	8120601
167	27889	4657463	202	40804	8242408
168	28224	4741632	203	41209	8365427
169	28561	4826809	204	41616	8489664
170	28900	4913000	205	42025	8615125
171	29241	5000211	206	42436	8741816
172	29584	5088448	207	42849	8869743
173	29929	5177717	208	43264	8998912
174	30276	5268024	209	43681	9129329
175	30625	5359375	210	44100	9261000

Zahl	Quadrat	Würfel	Zahl	Quadrat	Würfel
211	44521	9393931	246	60516	14886936
212	44944	9528128	247	61009	15069223
213	45369	9663597	248	61504	15252992
214	45796	9800344	249	62001	15438249
215	46225	9938375	250	62500	15625000
216	46656	10077696	251	63001	15813251
217	47089	10218313	252	63504	16003008
218	47524	10360232	253	64009	16194277
219	47961	10503459	254	64516	16387064
220	48400	10648000	255	65025	16581375
221	48841	10793861	256	65536	16777216
222	49284	10941048	257	66049	16974593
223	49729	11089567	258	66564	17173512
224	50176	11239424	259	67081	17373979
225	50625	11390625	260	67600	17576000
226	51076	11543176	261	68121	17779581
227	51529	11697083	262	68644	17984728
228	51984	11852352	263	69169	18191447
229	52441	12008989	264	69696	18399744
230	52900	12167000	265	70225	18609625
231	53361	12326391	266	70756	18821096
232	53824	12487168	267	71289	19034163
233	54289	12649337	268	71824	19248832
234	54756	12812904	269	72361	19465109
235	55225	12977875	270	72900	19683000
236	55696	13144256	271	73441	19902511
237	56169	13312053	272	73984	20123648
238	56644	13481272	273	74529	20346417
239	57121	13651919	274	75076	20570824
240	57600	13824000	275	75625	20796875
241	58081	13997521	276	76176	21024576
242	58564	14172488	277	76729	21253933
243	59049	14348907	278	77284	21484952
244	59536	14526784	279	77841	21717639
245	60025	14706125	280	78400	21952000

Zahl	Quadrat	Würfel	Zahl	Quadrat	Würfel
281	78961	22188041	316	99856	31554496
282	79524	22425768	317	100489	31855013
283	80089	22665187	318	101124	32157432
284	80656	22906304	319	101761	32461759
285	81225	23149125	320	102400	32768000
286	81796	23393656	321	103041	33076161
287	82369	23639903	322	103684	33386248
288	82944	23887872	323	104329	33698267
289	83521	24137569	324	104976	34012224
290	84100	24389000	325	105625	34328125
291	84681	24642171	326	106276	34645976
292	85264	24897088	327	106929	34965783
293	85849	25153757	328	107584	35287552
294	86436	25412184	329	108241	35611289
295	87025	25672375	330	108900	35937000
296	87616	25934336	331	109561	36264691
297	88209	26198073	332	110224	36594368
298	88804	26463592	333	110889	36926037
299	89401	26730899	334	111556	37259704
300	90000	27000000	335	112225	37595375
301	90601	27270901	336	112896	37933056
302	91204	27543608	337	113569	38272753
303	91809	27818127	338	114244	38614472
304	92416	28094464	339	114921	38958219
305	93025	28372625	340	115600	39304000
306	93636	28652616	341	116281	39651821
307	94249	28934443	342	116964	40001688
308	94864	29218112	343	117649	40353607
309	95481	29503629	344	118336	40707584
310	96100	29791000	345	119025	41063625
311	96721	30080231	346	119716	41421736
312	97344	30371328	347	120409	41781923
313	97969	30664297	348	121104	42144192
314	98596	30959144	349	121801	42508549
315	99225	31255875	350	122500	42875000

Zahl	Quadrat	Würfel	Zahl	Quadrat	Würfel
351	123201	43243551	386	148996	57512456
352	123904	43614208	387	149769	57960603
353	124609	43986977	388	150544	58411072
354	125316	44361864	389	151321	58863869
355	126025	44738875	390	152100	59319000
356	126736	45118016	391	152881	59776471
357	127449	45499293	392	153664	60236288
358	128164	45882712	393	154449	60698457
359	128881	46268279	394	155236	61162984
360	129600	46656000	395	156025	61629875
361	130321	47045881	396	156816	62099136
362	131044	47437928	397	157609	62570773
363	131769	47832147	398	158404	63044792
364	132496	48228544	399	159201	63521199
365	133225	48627125	400	160000	64000000
366	133956	49027896	401	160801	64481201
367	134689	49430863	402	161604	64964808
368	135424	49836032	403	162409	65450827
369	136161	50243409	404	163216	65939264
370	136900	50653000	405	164025	66430125
371	137641	51064811	406	164836	66923416
372	138384	51478848	407	165649	67419143
373	139129	51895117	408	166464	67917312
374	139876	52313624	409	167281	68417929
375	140625	52734375	410	168100	68921000
376	141376	53157376	411	168921	69426531
377	142129	53582633	412	169744	69934528
378	142884	54010152	413	170569	70444997
379	143641	54439939	414	171396	70957944
380	144400	54872000	415	172225	71473375
381	145161	55306341	416	173056	71991296
382	145924	55742968	417	173889	72511713
383	146689	56181887	418	174724	73034632
384	147456	56623104	419	175561	73560059
385	148225	57066625	420	176400	74088000

Zahl	Quadrat	Würfel	Zahl	Quadrat	Würfel
421	177241	74618461	456	207936	94818816
422	178084	75151448	457	208849	95443993
423	178929	75686967	458	209764	96071912
424	179776	76225024	459	210681	96702579
425	180625	76765625	460	211600	97336000
426	181476	77308776	461	212521	97972181
427	182329	77854483	462	213444	98611128
428	183184	78402752	463	214369	99252847
429	184041	78953589	464	215296	99897344
430	184900	79507000	465	216225	100544625
431	185761	80062991	466	217156	101194696
432	186624	80621568	467	218089	101847563
433	187489	81182737	468	219024	102503232
434	188356	81746504	469	219961	103161709
435	189225	82312875	470	220900	103823000
436	190096	82881856	471	221841	104487111
437	190969	83453453	472	222784	105154048
438	191844	84027672	473	223729	105823817
439	192721	84604519	474	224676	106496424
440	193600	85184000	475	225625	107171875
441	194481	85766121	476	226576	107850176
442	195364	86350888	477	227529	108531333
443	196249	86938307	478	228484	109215352
444	197136	87528384	479	229441	109902239
445	198025	88121125	480	230400	110592000
446	198916	88716536	481	231361	111284641
447	199809	89314623	482	232324	111980168
448	200704	89915392	483	233289	112678587
449	201601	90518849	484	234256	113379904
450	202500	91125000	485	235225	114084125
451	203401	91733851	486	236196	114791256
452	204304	92345408	487	237169	115501303
453	205209	92959677	488	238144	116214272
454	206116	93576664	489	239121	116930169
455	207025	94196375	490	240100	117649000

Zahl	Quadrat	Würfel	Zahl	Quadrat	Würfel
491	241081	118370771	526	276676	145531576
492	242064	119095488	527	277729	146363183
493	243049	119823157	528	278784	147197952
494	244036	120553784	529	279841	148035889
495	245025	121287375	530	280900	148877000
496	246016	122023936	531	281961	149721291
497	247009	122763473	532	283024	150568768
498	248004	123505992	533	284089	151419437
499	249001	124251499	534	285156	152273304
500	250000	125000000	535	286225	153130375
501	251001	125751501	536	287296	153990656
502	252004	126506008	537	288369	154854153
503	253009	127263527	538	289444	155720872
504	254016	128024064	539	290521	156590819
505	255025	128787625	540	291600	157464000
506	256036	129554216	541	298681	158340421
507	257049	130323843	542	293764	159220088
508	258064	131096512	543	294849	160103007
509	259081	131872229	544	295936	160989184
510	260100	132651000	545	297025	161878625
511	261121	133432831	546	298116	162771336
512	262144	134217728	547	299209	163667323
513	263169	135005697	548	300304	164566592
514	264196	135796744	549	301401	165469149
515	265225	136590875	550	302500	166375000
516	266256	137388096	551	303601	167284151
517	267289	138188413	552	304704	168196608
518	268324	138991832	553	305809	169112377
519	269361	139798359	554	306916	170031464
520	270400	140608000	555	308025	170953875
521	271441	141420761	556	309136	171879616
522	272484	142236648	557	310249	172808693
523	273529	143055667	558	311364	173741112
524	274576	143877824	559	312481	174676879
525	275625	144703125	560	313600	175616000

Zahl	Quadrat	Würfel	Zahl	Quadrat	Würfel
561	314721	176558481	596	355216	211708736
562	315844	177504328	597	356409	212776173
563	316969	178453547	598	357604	213847192
564	318096	179406144	599	358801	214921799
565	319225	180362125	600	360000	216000000
566	320356	181321496	601	361201	217081801
567	321489	182284263	602	362404	218167208
568	322624	183250432	603	363609	219256227
569	323761	184220009	604	364816	220348864
570	324900	185193000	605	366025	221445125
571	326041	186169411	606	367236	222545016
572	327184	187149248	607	368449	223648543
573	328329	188132517	608	369664	224755712
574	329476	189119224	609	370881	225866529
575	330625	190109375	610	372100	226981000
576	331776	191102976	611	373321	228099131
577	332929	192100033	612	374544	229220928
578	334084	193100552	613	375769	230346397
579	335241	194104539	614	376996	231475544
580	336400	195112000	615	378225	232608375
581	337561	196122941	616	379456	233744896
582	338724	197137368	617	380689	234885113
583	339889	198155287	618	381924	236029032
584	341056	199176704	619	383161	237176659
585	342225	200201625	620	384400	238328000
586	343396	201230056	621	385641	239483061
587	344569	202262003	622	386884	240641848
588	345744	203297472	623	388129	24 804367
589	346921	204336469	624	389376	242970624
590	348100	205379000	625	390625	244140625
591	349281	206425071	626	301876	245314376
592	350464	207474688	627	393129	246491883
593	351649	208527857	628	394384	247673152
594	352836	209584584	629	395641	248858189
595	354025	210644875	630	396900	250047000

Zahl	Quadrat	Würfel	Zahl	Quadrat	Würfel
631	398161	251239591	666	443556	295408296
632	399424	252435968	667	444889	296740963
633	400689	253636137	668	446224	298077632
634	401956	254840104	669	447561	299418309
635	403225	256047875	670	448900	300763000
636	404496	257259456	671	450241	302111711
637	405769	258474853	672	451584	303464448
638	407044	259694072	673	452929	304821217
639	408321	260917119	674	454276	306182024
640	409600	262144000	675	455625	307546875
641	410881	263374721	676	456976	308915776
642	412164	264609288	677	458329	310288733
643	413449	265847707	678	459684	311665752
644	414736	267089984	679	461041	313046839
645	416025	268336125	680	462400	314432000
646	417316	269586136	681	463761	315821241
647	418609	270840023	682	465124	317214568
648	419904	272097792	683	466489	318611987
649	421201	273359449	684	467856	320013504
650	422500	274625000	685	469225	321419125
651	423801	275894451	686	470596	322828856
652	425104	277167808	687	471969	324242703
653	426409	278445077	688	473344	325660672
654	427716	279726264	689	474721	327082769
655	429025	281011375	690	476100	328509000
656	430336	282300416	691	477481	329939371
657	431649	283593393	692	478864	331373888
658	432964	284890312	693	480249	332812557
659	434281	286191179	694	481636	334255384
660	435600	287496000	695	483025	335702375
661	436921	288804781	696	484416	337153536
662	438244	290117528	697	485809	338608873
663	439569	291434247	698	487204	340068392
664	440896	292754944	699	488601	341532099
665	442225	294079625	700	490000	343000000

Zahl	Quadrat	Würfel	Zahl	Quadrat	Würfel
701	491401	344472101	736	541696	398688256
702	492804	345948408	737	543169	400315553
703	494209	347428927	738	544644	401947272
704	495616	348913664	739	546121	403583419
705	497025	350402625	740	547600	405224000
706	498436	351895816	741	549081	406869021
707	499849	353393243	742	550564	408518488
708	501264	354894912	743	552049	410172407
709	502681	356400829	744	553536	411830784
710	504100	357911000	745	555025	413493625
711	505521	359425431	746	556516	415160936
712	506944	360944128	747	558009	416832723
713	508369	362467097	748	559504	418508992
714	509796	363994344	749	561001	420189749
715	511225	365525875	750	562500	421875000
716	512656	367061696	751	564001	423564751
717	514089	368601813	752	565504	425259008
718	515524	370146232	753	567009	426957777
719	516961	371694959	754	568516	428661064
720	518400	373248000	755	570025	430368875
721	519841	374805361	756	571536	432081216
722	521284	376367048	757	573049	433798093
723	522729	377933067	758	574564	435519512
724	524176	379503424	759	576081	437245479
725	525625	381078125	760	577600	438976000
726	527076	382657176	761	579121	440711081
727	528529	384240583	762	580644	442450728
728	529984	385828352	763	582169	444194947
729	531441	387420489	764	583696	445943744
730	532900	389017000	765	585225	447697125
731	534361	390617891	766	586756	449455096
732	535824	392223168	767	588289	451217663
733	537289	393832837	768	589824	452984832
734	538756	395446904	769	591361	454756609
735	540225	397065375	770	592900	456533000

Zahl	Quadrat	Würfel	Zahl	Quadrat	Würfel
771	594441	458314011	806	649636	523606616
772	595984	460099648	807	651249	525557943
773	597529	461889917	808	652864	527514112
774	599076	463684824	809	654481	529475129
775	600625	465484375	810	656100	531441000
776	602176	467288576	811	657721	533411731
777	603729	469097433	812	659344	535387328
778	605284	470910952	813	660969	537367797
779	606841	472729139	814	662596	539353144
780	608400	474552000	815	664225	541343375
781	609961	476379541	816	665856	543338496
782	611524	478211768	817	667489	545338513
783	613089	480048687	818	669124	547343432
784	614656	481890304	819	670761	549353259
785	616225	483736625	820	672400	551368000
786	617796	485587656	821	674041	553387661
787	619369	487443403	822	675684	555412248
788	620944	489303872	823	677329	557441767
789	622521	491169069	824	678976	559476224
790	624100	493039000	825	680625	561515625
791	625681	494913671	826	682276	563559976
792	627264	496793088	827	683929	565609283
793	628849	498677257	828	685584	567663552
794	630436	500566184	829	687241	569722789
795	632025	502459875	830	688900	571787000
796	633616	504358336	831	690561	573856191
797	635209	506261573	832	692224	575930368
798	636804	508169592	833	693889	578009537
799	638401	510082399	834	695556	580093704
800	640000	512000000	835	697225	582182875
801	641601	513922401	836	698896	584277056
802	643204	515849608	837	700569	586376253
803	644809	517781627	838	702244	588480472
804	646416	519718464	839	703921	590589719
805	648025	521660125	840	705600	592704000

Zahl	Quadrat	Würfel	Zahl	Quadrat	Würfel
841	707281	594823321	876	767376	672221376
842	708964	596947688	877	769129	674526133
843	710649	599077107	878	770884	676836152
844	712336	601211584	879	772641	679151439
45	714025	603351125	880	774400	681472000
846	715716	605495736	881	776161	683797841
847	717409	607645423	882	777924	686128968
848	719104	609800192	883	779689	688465387
849	720801	611960049	884	781456	690807104
850	722500	614125000	885	783225	693154125
851	724201	616295051	886	784996	695506456
852	725904	618470208	887	786769	697864103
853	727609	620650477	888	788544	700227072
854	729316	622835864	889	790321	702595369
855	731025	625026375	890	792100	704969000
856	732736	627222016	891	793881	707347971
857	734449	629422793	892	795664	709732288
858	736164	631628712	893	797449	712121957
859	737881	633839779	894	799236	714516984
860	739600	636056000	895	801025	716917375
861	741321	638277381	896	802816	719323136
862	743044	640503928	897	804609	721734273
863	744769	642735647	898	806404	724150792
864	746496	644972544	899	808201	726572699
865	748225	647214625	900	810000	729000000
866	749956	649461896	901	811801	731432701
867	751689	651714363	902	813604	733870808
868	753424	653972032	903	815409	736314327
869	755161	656234909	904	817216	738763264
870	756900	658503000	905	819025	741217625
871	758641	660776311	906	820836	743677416
872	760384	663054848	907	822649	746142643
873	762129	665338617	908	824464	748613312
874	763876	667627624	909	826281	751089429
875	765625	669921875	910	828100	753571000

Zahl	Quadrat	Würfel	Zahl	Quadrat	Würfel
911	829921	756058031	946	894916	846590536
912	831744	758550528	947	896809	849278123
913	833569	761048497	948	898704	851971392
914	835396	763551944	949	900601	854670349
915	837225	766060875	950	902500	857375000
916	839056	768575296	951	904401	860085351
917	840889	771095213	952	906304	862801408
918	842724	773620632	953	908209	865523177
919	844561	776151559	954	910116	868250664
920	846400	778688000	955	912025	870983875
921	848241	781229961	956	913936	873722816
922	850084	783777448	957	915849	876467493
923	851929	786330467	958	917764	879217912
924	853776	788889024	959	919681	881974079
925	855625	791453125	960	921600	884736000
926	857476	794022776	961	923521	887503681
927	859323	796597983	962	925444	890277128
928	861184	799178752	963	927369	893056347
929	863041	801765089	964	929296	895841344
930	864900	804357000	965	931225	898632125
931	866761	806954491	966	933156	901428696
932	868624	809557568	967	935089	904231063
933	870489	812166237	968	937024	907039232
934	872356	814780504	969	938961	909853209
935	874225	817400375	970	940900	912673000
936	876096	820025856	971	942841	915498611
937	877969	822656953	972	944784	918330048
938	879844	825293672	973	946729	921167317
939	881721	827936019	974	948676	924010424
940	883600	830584000	975	950625	926859375
941	885481	833237621	976	952576	929714176
942	887364	835896888	977	954529	932574833
943	889249	838561807	978	956484	935441352
944	891136	841232384	979	958441	938313739
945	893025	843908625	980	960400	941192000

Zahl	Quadrat	Würfe	Zahl	Quadrat	Würfel
981	962361	944076141	991	982081	973242271
982	964324	946966168	992	984064	976191488
983	966289	949862087	993	986049	979146657
984	968256	952763904	994	988036	982107784
985	970225	955671625	995	990025	985074875
986	972196	958585256	996	992016	988047936
987	974169	961504803	997	994009	991026973
988	976144	964430272	998	996004	994011992
989	978121	967361669	999	998001	997002999
990	980100	970299000	1000	1000000	1000000000

0,01 Mètrequarré = 19,651 Par. Q.Lin. = oder 0,0010 Q.Fuß Rheinl.

0,1 Mètrequarré = 14 P. Q.Zoll nahe = 0,1015 Q.F.

1. — — = 9 Fuß 68 Zoll 95 Lin. P. Q.M. = = 10,152 Rheinl. Quadr Fuß.

0,01 Mètr. Cubic = 87,11 P. Würfel Lin. = 0,0000323 Rheinl. Würfel Fuß.

0,1 Mètr. Cubic = 50 Würfel Zoll nahe = 0,032346 Rheinl. Würfel Fuß.

1 Mètr. Cubic = 29 Würfel-Fuß 300 Zoll Par. M. = = 32,346 Rheinl. Würfel-Fuß.

1 Fuß = 12 Zoll = 144 Linien.

1 Quadr. Fuß = 144 Q. Zoll = 20736 Q. Lin.

1 Würfel Fuß = 1728 Würfel Zoll = 2985984 Würfel-Linien.

1 Paris. Würfel-Fuß = 0,03434. Cub. Mètres sind 31,32 Kilogrammes = 64 Pfund Pulver.

0,1 Mètre cube Pulver = 0,91 Kilogr. = 1,87 ℔ 1 Pfund 13,8 Unzen Pulver.

4.) Verwandlung des Zwölftheiligen Maaßes in Zehntheiliges.

Zoll	= Fuß	Lin.	= Fuß	Quent.	= Fuß
1	0,0833333	1	0,0069444	1	0,0005787
2	0,1666666	2	0,0138888	2	0,0011574
3	0,2500000	3	0,0208333	3	0,0017361
4	0,3333333	4	0,0277777	4	0,0023148
5	0,4166666	5	0,0347222	5	0,0028935
6	0,5000000	6	0,0416666	6	0,0034722
7	0,5833333	7	0,0486111	7	0,0040509
8	0,6666666	8	0,0555555	8	0,0046296
9	0,7500000	9	0,0625000	9	0,0052088
10	0,8333333	10	0,0694444	10	0,0057870
11	0,9166666	11	0,0763888	11	0,0063657

5.) Vergleichung der Meilen.

	Auf 1 Equat. Grad gehen.	Länge in französ. Toisen.		Auf 1 Equat Grad gehen	Länge in französ. Toisen.
Deutsche geograph. Meilen	15	3806,7	Brabanter M.	20	2855
Oesterreichische Meilen v. 4000 Wiener Klftrn.	14,67	3891,7	Bayerische kl. Meilen	14,13	4041
Böhmische desgleichen.			Hannöverische Meilen	10,51	5432,4
Preußische M. von 1800 Danziger Ellen	14,37	3975	Hessische M.	11,27	5066,6
Dänische Meilen von 1200 Ellen	14,77	3864,7	Franz. Lieues	28,55	2000
Schlesische M.	17,18	3324,2	— Seemeilen	20	2855
Pohlnische M.	20	2855	Irische M.	39,99	1426,7
Russische Werste von 1500 Arschinen	104,33	547,5	Englische M.	73	782,2
			Italienische —	60	951,7
			Neapolitanische M.	57,71	989
			Spanische M.	26,60	2146,9
			Schwed. M.	10,41	5483,3

6.) Vergleichung des Gewichtes.

1 Pfund	Enthält Holländische As.	1 Pfund	Enthält Holländ. As.
Berlin	9750	Paris Marc Gros	10188
Breslau	8434	London Avoir du poids	9441
Danzig	9062	Petersburg	8512
Königsberg	9748	Madrit od. Spanien	9580
Erfurth	9822	Schweden	8848
Aachen	9754	Dännemark	10397
Dresden u. Leipzig	9716	Bologna	7537
		Amsterdam	10280
Görlitz	9020	Alicante groß	10791
Wien	11655,427	Alicante klein	7194
Prag	10646	Barcellona	8512
Hamburg	10129	Basel	10188
Krakau	8426	Florenz	7066
Warschau	7863	Hannover	10129

Neu Französisches Gewicht:

1 Kilogramme = 10 Hectogrammes oder 100 Decagrammes,

oder 2 Pfund — Unzen 5 Gros 49 Grän Pariser,

oder 2 Pfund 2 Unzen $1\frac{225}{4685}$ Quentchen Berliner.

7.) Eigenthümliche Schwere verschiedener Körper.

Das Wasser = 1, wenn 1 Pariser Würfelfuß 70 Pfd. wiegt.

Platina	19,500	Granit	2,664
Gold	19,258	Kalkstein	2,718
Silber	10,474	Thonschiefer	2,853
Blei	11,352	Sandsteine	2,085
Kupfer	8,878		2,698
Zinn	7,299	Hölzer:	
Eisen	7,207	Eichen	1,170
	7,788	Ahorn	0,755
Stahl	7,818	Buche	0,852
Zink	7,190	Eller	0,800
Wismuth	9,822	Linde	0,604
Kobold	7,811	Kiefer	0,550
Quecksilber	13,568	Tanne	0,490
Spiesglanz	6,702	Weide	0,585
Arsenik	5,763	Pappel	0,383
Wasserblei	4,738	Kork	0,240

8.) Berechnung der Dreiecke.

(Der Sinus totus ist mit R benennet.)

Gegeben	Gefunden	durch die Formel:
Beide Catheten A; B.	die Hypothenuse	$H = \sqrt{(A^2 + B^2)}$
	Winkel a.	$Tang. a = \frac{RA}{B}$ oder $Cotang. a = \frac{RB}{A.}$
Die Hypothenuse und Ein Cathete H; A.	der Cathete	$B = \sqrt{(H+A).(H-A)}$
	Winkel a oder b.	$Sin. a = \frac{RA}{H} = Cos. b.$
Die Hypothenuse und Ein Winkel; H, a.	beide Catheten A und B.	$A = \frac{H. Sin. a}{R}$; $B = \frac{H. Cosin. a}{R}$
Ein Cathete und Ein Winkel: A, a; A, b.	die Hypothenuse H.	$H = \frac{RA}{Sin. a} = \frac{RA}{Cosin. b}$
	der Cathete B.	$B = \frac{A. Cotang. a}{R} = \frac{A. tang. b}{R}$

Berechnung der Dreiecke.

(Der Sinus totus ist mit R benennet.)

Drei Seiten $\frac{A+B+C}{2}=P$	der Winkel a	$Sin.\ \frac{1}{2}\,a = \sqrt{\frac{R^2 (P-B)(P-C)}{BC}}$
	der Inhalt	$= \sqrt{(P (P-A)(P-B)(P-C))}$.
Zwei Seiten und Ein Winkel: A; B; c.	die dritte Seite	$C = \sqrt{\left(\frac{2A.\ 2B.\ Sin.^2 \frac{1}{2} c}{R} + (A-B)^2\right)}$.
	die Winkel a; b. $a > b$	$Tang.\ n = \frac{(A-B)\ tang.\ \frac{1}{2}(180-c)}{A+B}$. $a = \frac{1}{2}(180-c)+n;\ b = \frac{1}{2}(180-c)-n$.
	der Inhalt	$= \frac{\frac{1}{2} A B.\ Sin.\ c}{R}$
Zwei Winkel und Eine Seite a; b; C.	Eine Seite	$A = \frac{C.\ Sin.\ a}{Sin.\ (a+b)}$
	der Inhalt	$= \frac{\frac{1}{2} C^2\ Sin.\ a.\ Sin.\ b.}{R.\ Sin.\ (a+b)}$
Zwei Seiten und Ein Winkel A; B; b.	Eine Seite	$C = \frac{B.\ Sin.\ (a+b)}{Sin.\ b.}$
	der Winkel	$c = 180 - (a+b)$ $Sin.\ a = \frac{A.\ Sin.\ b}{B}$
	der Inhalt	$= \frac{\frac{1}{2} A\ B.\ Sin.\ (a+b)}{R}$

9.) Berechnung der Körper.

Drückt n die Zahl aus, welche das Verhältniß des Halbmessers zum Umkreise andeutet, und h die Höhe oder die Axe des Körpers, a aber den Halbmesser der Grundfläche, so ist der Kegel

$$= \left(\left(\frac{a}{2}\right)^2 + a^2\right) \tfrac{1}{6}\, n. \frac{h}{2} = \frac{h}{3} . \frac{na^2}{2}$$

Der abgekürzte Kegel, wo a = Halbmesser der Abschnittsfläche, und b = Halbmesser der Grundfläche, ist

$$= (a^2 + ab + b^2) \frac{nh}{6}.$$

Die Paraboloide ist die Hälfte des umschriebenen Zylinders $= \tfrac{1}{2} n y^2\, h.$

Die Ellipsoide, wo die halbe große Axe = a, die halbe kleine Axe = b, ist $\tfrac{2}{3}$ des umschriebenen Zilinders

$$= (4 (\tfrac{3}{4} b^2) + b^2) \tfrac{1}{6}\, n. \tfrac{1}{2}\, a = \tfrac{1}{3} n\, b^2. a.$$

Bekanntlich hat man das Verhältniß des Durchmessers zum Umkreise: 1:3,14159265, des Quadrats des Durchmessers zur Kreisfläche 1:0785398 und des Würfels zur Kugel, wie 1:0,523598.

Um jede von einer krummen Linie begrenzte Fläche zu berechnen (Fig. 16 No. III), sey

$\frac{AB}{a} = m;\ 2CD = b, 2EF = c, 2GH = d, 2IK = f;$ $2LR = g;\ 2BS = h;$ m die gleiche Entfernung der doppelten Ordinaten von einander, und a die gerade Zahl der Theile. Da nun die Erste Ordinate A = 0, so wird der Inhalt

$$\left(1 (0 + h) + 4 (b + d + g) + 2 (c + f)\right) \frac{m}{3}$$

Soll ein Fahrzeug berechnet werden, muß man anstatt der Ordinaten die Querschnitte CDa desselben setzen. Bei solchen Schiffen jedoch, die einen flachen Boden und gleichen Belauf haben, wird blos das vorige Produkt durch die Tiefe multipliziret.

10.) Höhenmessungen durch den Barometer.

Ist die Barometerhöhe auf Einer Station s = a, das Gewicht Eines Würfelzolles Luft = l, und das Gewicht von 1 Würfelzoll Quecksilber des Barometers = q; so ist hier die Dichtigkeit der Luft $m = \frac{l}{q}$. Auf der zweiten Station h, sey die Barometerhöhe = p, das Gewicht eines Würfelzolles Luft = λ, und ihre Dichtigkeit $v = \frac{\lambda}{q}$; folglich die mittlere Dichtigkeit der Luftsäule $= \frac{m+v}{2}$ gesetzt, ist nach Gerstner, bei Höhen nicht über 300 Ruthen:

A.) $sh = \frac{a-p}{\frac{1}{2}(m+v)}$ oder $\frac{a-p}{\frac{1}{2}(l+\lambda)}\, q.$

Bei sehr großen Höhen hingegen ist

B.) $sh = \frac{a-p}{m-v}$ log. nat. $\frac{m}{v}$.

Da hierzu aber eine besondere Luftwaage nöthig ist, die sich nicht immer findet, kann man sich auch der Formel: $x = 10000$ (Log. nat. s — Log. nat. h.) oder nach Trembleys Verbesserung:

$$x = 10000\,(\text{Log. nat. } s - \text{Log. nat. } h)\left(1 - \frac{1{,}041.}{192.}\right)$$

oder wenn man ein barometerisches Modul anwendet:

$$x = \frac{\text{Log. } s - \text{Log. } h}{0{,}00009912}$$

Das mittlere Gewicht von 1 Würfelzoll Luft ist 0,46005 Grane; und 1 Würfelfuß wiegt nach Beobachtungen

bei 28,15″ Barometerhöhe		8,00 Therm.		= 0,087539.
—	—	12,44	—	= 0,085656.
27,68″	—	8,00	—	= 0,086193.
—	—	12,44	—	= 0,084203.
27,42″	—	15,00	—	= 0,082897.

Die Veränderung ihrer Schwere durch die trockne oder feuchte Beschaffenheit ist 10394 : 10524; um wie viel male sie leichter ist, als das Quecksilber.

Die

Die mittlere Ausdehnung der Luft bei einer Temperaturveränderung von 1° ist 0,005028.

Die Veränderung der Luftschwere in verschiedenen Höhen zeigt folgende Tafel:

Höhe über der See	spezifisch Gewicht der Luft	Höhe über der See	spezifisch Gewicht der Luft	Höhe über der See	spezifisch Gewicht der Luft
0.	1,0000	6000	0,9988	12000	0,9979
1000′	0,9998	7000	0,9987	13000	0,9977
2000	0,9996	8000	0,9985	14000	0,9976
3000	0,9994	9000	0,9984	15000	0,9974
4000	0,9992	10000	0,9982	16000	0,9973
5000	0,9990	11000	0,9981	17000	0,9972

Zu Höhenmessungen durch den Barometer ohne Anwendung der Formeln dienen die von Benzenberg berechneten Tafeln in „Beschreibung eines einfachen Reisebarometers nebst Tafeln zu Berechnung der Berghöhen. 8. Düsseldorf bei Schreiner. 1811.“ Sie hier einzurükken, erlaubt der Raum nicht; es finden sich daher hier nur noch d'Altons Berichtigungen, wenn man geneigt ist, sie anzunehmen:

Höhe über dem Weltmeere	Barometer-Höhe		Berechneter Unterschied in Fuß
	nach d'Alton	nach der alten Theorie	
0 Fuß	28,1800 Zoll	28,1800 Zoll	0.
1000 —	27,0534 —	27,0574 —	— 3,6.
2000 —	25,9717 —	25,9795 —	— 7,3.
3000 —	24,9343 —	24,9446 —	—10,1.
4000 —	23,9381 —	23,9509 —	—13,0.
5000 —	22,9820 —	22,9967 —	—15,6.
6000 —	22,0642 —	22,0806 —	—18,4.
7000 —	21,1832 —	21,2010 —	—20,6.
8000 —	20,3376 —	20,3564 —	—22,6.
9000 —	19,5260 —	19,5455 —	—24,4.
10000 —	18,7470 —	18,7667 —	—25,8.
11000 —	17,9991 —	18,0192 —	—27,3.
12000 —	17,2812 —	17,3014 —	—28,7.
13000 —	16,5921 —	16,6121 —	—29,6.
14000 —	15,9309 —	15,9504 —	—29,9.

Schichttafeln:

Baromet. Höhe.	Stand des Beobachters	Baromet. Höhe.	Stand des Beobachters
Zoll	Fuß	Zoll	Fuß
28 00.	0,0.	27,80.	175,5
27,99.	8,7.	27,70.	255.
27,98.	17,5.	27,60.	344.
27,97.	26,2.	27,50.	432.
27,96.	35,0.	7,40.	525.
27,95	34,8.	27,30.	618.
27,94	52,5.	27,00.	874.
27,93	61,3.	26,—	1781.
27,92	70,0.	25,—	2723.
27,91	78,8.	24,—	3702.
27,90	87,6.	23,—	4722.
27,89	96,4.	22,—	5787.
27,88	105,2.	21,—	6900.
27,87	113,9.	20,—	8066.
27,86	122,7.	19,—	9290.
27,85	131,5.	18,—	10579.
27,84	140,3.	17,—	11939.
27,83	149,1.	16,—	13380.
27,82	157,9.	15,—	14910.
27,81	166,7.	14,—	16542.

11.) Höhe des Scheinbaren Horizontes über dem wahren, mit Berücksichtigung der Refraction auf der Erde.

Weite in Ruthen	Höhe des scheinbaren Horizonts über dem wahren.	Weite in Ruthen	Höhe des scheinbaren Horizonts über dem wahren	Weite in Ruthen	Höhe des scheinbaren Horizonts über dem wahren.
25	0,0020'	300	0,2827'	1200	4,5258'
50	0,0081'	325	0,3318'	1250	4,9107'
60	0,0114'	350	0,3849'	1300	5,3115'
70	0,0154'	375	0,4420'	1350	5,7277'
80	0,0205'	400	0,5030'	1400	6,1597'
90	0,0253'	425	0,5675'	1450	6,6076'
100	0,0317'	450	0,6364'	1500	7,0714'
110	0,0451'	475	0,6726'	1550	7,5506'
120	0,0482'	500	0,7857'	1600	8,0456'
130	0,0536'	525	0,8571'	1650	8,5565'
140	0,0620'	550	0,9504'	1700	9,0947'
150	0,0709'	575	1,0407'	1750	9,62[illegible]0'
160	0,0803'	600	1,1314'	1800	10,1825'
170	0,0908'	625	1,2277'	1850	10,7564'
180	0,1012'	650	1,3279'	1900	11,3457'
190	0,1136'	700	1,5397'	1950	11,9504'
200	0,1260'	750	1,7678'	2000	12,5714'
210	0,1403'	800	2,0257'	2050	13,2078'
220	0,1523'	850	2,2989'	2100	13,8601'
230	0,1667'	900	2,5456'	2150	14,52[illegible]8'
240	0,1810'	950	2,9363'	2200	15,2113'
250	0,1964'	1000	3,1431'	2300	16,6255'
260	0,2128'	1050	3,4648'	2400	18,1027'
270	0,2306'	1100	3,8029'	2500	19,6431'
280	0,2465'	1150	4,1562'	3000	28,2857'
290	0,2644'				

12.) Geschwindigkeit des Schalles.

Nach den am meisten übereinstimmenden Versuchen durchläuft der Schall in 1 Sekunde einen Weg von 1034 bis 1041 Pariser Fuß, oder beiläufig 500 Schritt. Bei verschiednen Luftdichtigkeiten war diese Geschwindigkeit auch wohl um Etwas verschieden, wie folgende Tafel zeiget:

Von dem Schalle durchlaufner Raum in 1 Sekunde.		Namen der Beobachter.	Ort.
1473	Paris. Fuß.	Gassendi. . .	Frankreich
1380	—	Mersanne . .	ebendas.
1254	—	Walker . . .	England
1219	—	Roberts . . .	das.
1185	—	Die Florentiner .	Italien
1172	—	Cassini; Huygens .	Frankreich
1125	—	Boyle . . .	England
1070	—	Flamsteed; Derham	das.
1050	—	de la Condamine .	Quito
1040	—	Müller . . .	Göttingen
1041	—	Cassini; Meraldi .	Frankreich
1038	—	—	—
1037	—	Kästner; Mayer .	Göttingen
1034	—	— —	—
1011	—	de la Condamine .	Cayenne.

Da nun das Licht gleichsam in demselben Momente erscheinet, läßt sich aus der Zeit in welcher der Schall nachfolget, die Entfernung eines abgeschossenen Geschützes sogleich finden.

13.) Länge des Sekundenpendels in Pariser Linien.

Pendellänge	Name des Beobachters	Ort	Breite oder Polhöhe
438,69‴	Bouguer	Pitchincha 14400′ hoch	0° 13′
438,82	—	Quito 9000′ hoch	0° 25′
439,10	—	das. am Meere	—
439,32	Richer	Cayenne	4° 56′
439,20	Bouguer	Panama	8° 35′
439,08	Godin	Porto bello	9° 33′
439,37	—	Grava	18° 27′
439,32	Ullon	Guarico	19° 46′
440,05	de la Caille	Vorgebirge d. gut. Hoffnung	33° 55′
440,28	Jaquier	Rom	41° 54′
440,50	Picard	Bayonne	43° 50′
440,56	Liesganig	Wien	48° 13′
440.57	Ma ran	Paris	48° 50′
440,60	Graham	London	51° 31′
440,71	Lulofs	Leyden	52° 9′
440,83	Mayer	Greifswalde	54° 4′
441,02	Mallet	Petersburg	59° 56′
441,10	Mayer	Archangel	64° 33′
441,31	—	Kola	68° 52′

Aus der Länge des Sekundenpendels p läßt sich dann die Beschleunigung der Schwere finden = log. natur. p + 0,6932697 = 15,625 Rheinl. Fuß, als so viel die schweren Körper inder ersten Sekunde in unserer Breite fallen.

Rekognosziren, Verpflegung

und

Brückenschlagen.

Inhalt.

II. Rekognoszziren des Terrains.

Alle Rekognoszzirungen haben entweder blos das Terrain, oder die Stellung des Feindes, jedoch die letztere nie ohne das erstere, zum Gegenstande. Die besonderen Zwecke bei Untersuchung des Terrains sind: a) Marsch der Truppen; b) Unterbringung derselben in Quartiere oder Läger; c) defensive Stellungen und Posten.

1.) Für den Marsch der Truppen ist die Aufsuchung der nöthigen Kolonnenwege die nächste Verrichtung. Hier ist 1) die Breite derselben zu untersuchen, sowohl die stetige als die veränderliche; 2) die Beschaffenheit des Grundes bei trockner oder nasser Witterung; 3) die Flüsse, welche sie durchschneiden, mit Angabe der Brücken oder Furthen, je nachdem die letztern gut oder schlecht, und leicht zu verderben sind. 4) Die Entfernung, Grösse und Beschaffenheit der bewohnten Orte, ob sie zu Erfrischungs- und Nachtquartieren dienen können; ob bei ihnen Gelegenheit ist, einen Train aufzufahren? 5) Gehet der Kolonnenweg durch Holzungen, ist die Beschaffenheit derselben zu bemerken, ob das Holz lichte oder verwachsen ist, und ob die Trainwagen auf den Wegen überall fort können. 6) In Gebirgsgegenden sind die Entfernungen der ansteigenden Stellen zu bemerken, die Zeit, welche erfordert wird auf den oberen Kamm des Berges zu kommen; endlich die Breite der Wagenspur oder des Geleises. 7) Ob sich die Mittel zu Verbesserung der weichen oder impraktikablen Stellen, an Holz, Steinen, Kies rc. in der Nähe finden. 8) Die Entfernung der Kolonnenwege von einander.

2.) Zu Unterbringung der Truppen sind die bewohnten Orte nach der Zahl und Größe ihrer Häuser anzugeben, so wie die Hülfsquellen welche sie darbieten. Es ist zu dem Ende aufzuführen: Einwohnerzahl, Mühlen, Backöfen, Schmiedestätten, große öffentliche Gebäude, Handwerker zum Kriegsgebrauch, als Schmiede, Schlosser, Büchsenmacher, Nagelschmiede, Gürtler, Stellmacher, Zimmerleute, Tischler, Böttcher, Sattler, Riemer, Schneider, Schuhmacher. Vieh zum Transport und zum Unterhalt: Pferde, Ochsen, Kühe rc. Vorräthe an Getreide, Reis, Bohnen, Kartoffeln, Wein, Bier, Branntwein rc. Bei den Städten ist noch zu bemerken, ob sie vertheidigungsfähig sind, oder auf welche Weise sie dazu gemacht werden können. Die Beschaffenheit der Stadtmauern und Gräben, ihre Bestreichung, ob die Häuser an die Mauer stoßen; Beschaffenheit der Zugänge und der Umgegend.

Sollen die Truppen nicht in Quartieee gelegt werden, sondern lagern, wird dazu erfordert:

a) der nöthige Raum. Auf jeden Infanteristen des Ersten Gliedes wird 1 Schritt, und auf jeden Reiter $1\frac{1}{2}$ Schritt gerechnet, so ergiebt sich aus der Stärke der Bataillone, mit der Zahl der Glieder getheilt, die Länge der Frontlinie zu 200 bis 250 Schritt. Für 4 Eskadrons aber ist die Breite des Lagers — 6 Schritt auf jeden Zwischenraum gerechnet — 300 Schritt. Die Größe der Bataillons- und Escadrons-Zwischenräume ist bestimmt, und muß bei der Frontlinie hinzugesetzt werden. Fahren Geschütze mit in der Linie auf, werden jedem 10 Schritt gegeben.

Vor der Fronte rechnet man 30 Schritt auf die Tiefe des Waffenplatzes, und 30 andere Schritt bis an die Erste Linie des Hüttenlagers, welcher Raum zugleich für die Fahnen und Trommeln rc. bestimmt ist. Die letztere Entfernung wird jedoch bald schmäler bald breiter angenommen, wenn vielleicht in gebirgigen Gegenden sich mehr oder weniger Raum vorfindet.

Die Tiefe des Lagers ist bei der Infanterie 100 Schritt, wenn die Hütten 15 Fuß lang sind, und in 2 Reihen 15 Schritt hinter einander stehen.

Für die Kavallerie ist die Tiefe der Escadron 170 Schritt. Die Breite einer Eskadron beträgt:

die Hütten des 1ten Zuges	12	Schritt,
der Raum für die Pferde beider Züge	48	—
Auf jeder Seite ist der Zwischenraum beider Züge	12	—
	72	Schritt.

Das Geschütz fährt in der Linie, wie vorher gesagt, mit 10 Schritt Zwischenraum auf; bei beschränktem Raume giebt man ihm jedoch nur 1 Schritt Abstand von einer Achse zur andern. Hinter dem Geschütz stehn die Munitionswagen und hinter diesen die Vorrathswagen. Die Pferde stehen hinter diesen; die Artilleristen aber liegen neben dem Geschütz, wo auf jedes von letzteren Eine Hütte gerechnet wird.

Eine Hütte ist für 15 Mann bestimmt. Dazu gehören: 8 Pfähle, 4 Fuß lang, 3 Zoll stark.
4 Latten, 15 Fuß lang, 2 Zoll stark.
12 etwas schwächere Stangen von 10 Fuß lang.
80 Bohnenstangen auf das Dach.
20 Gebund Stroh.

b) Freie Verbindung und ungehinderter Ausgang ist die zweite Bedingung eines Lagerplatzes. Er darf nicht durch tiefe, unzugängliche Schluchten, durch Flüsse u. dgl. getrennt seyn, weil die kurze Zeit eines Nachtlagers keine Verbindungen herzustellen erlaubt. Die Truppen müssen bequem einrücken und besonders bei dem Ausmarsch keine Umwege zu machen genöthigt seyn.

c) Möglichste Bequemlichkeit des Lagerplatzes selbst; kein sumpfiger Boden; kein Terrain, das unerwartet großen Ueberschwemmungen ausgesetzt ist. Nahes Trinkwasser für Menschen und Pferde, nahes Feuerholz und Lagerstroh.

d) Die erforderlichen Lebensmittel für die lagernden Truppen nach Verhältniß der Dauer ihres Aufenthaltes. (S. Nr. III.)

3.) Um defensive Stellungen und Posten zu wählen sind folgende Bedingungen zu erfüllen:

a) Eine beherrschende Lage, so viel als möglich auf dem höchsten Punkte des Terrains, oder nahe an demselben.

b) unzugängliche Anlehnung der Flügel, entweder an eine Festung oder an tiefe und breite Gebirgsgründe, an Landseen oder große Teiche, sumpfige Wiesengründe und Brüche.

c) Eine der Stärke der Armee angemessene Breite der Fronte.

d) Mehrere unangreifbare Stellen in den letztern, damit der Feind gezwungen wird, mit schmaler Fronte auf bestimmten Wegen anzurücken.

e) Eine völlig freie Gemeinschaft zwischen den Flügeln und im Innern der Stellung, die von keinem Terrainhinderniß durchschnitten seyn darf.

f) Hinreichende Tiefe der Stellung und freie Ausgänge rückwärts.

g) Vor der Fronte der Stellung keine deckenden Terraingegenstände, Gebüsche ꝛc. Im Innern der Erstern aber einige Punkte, welche eine freie Umsicht nach allen Seiten gewähren.

Uebrigens noch die vorher unter 2.) aufgeführten Eigenschaften, die hier um so weniger fehlen dürfen, als die Armee immer einige Zeit in dergleichen Defensivstellungen verharren muß.

Posten unterscheiden sich von den Defensivstellungen durch den geringeren Raum, den sie umschließen; daher sie auch nur eine schwache Besatzung von 50 bis 300 Mann erfordern. Noch stärkere Detaschementer werden in mit Mauern umschlossene und befestigte Städte geleget. Ein Posten, er bestehe nun aus einem festen Hause oder aus irgend einem natürlich festen Punkte, muß bei freier Aussicht nach allen Seiten möglichst unzugänglich seyn, so daß man nur wenig hinzufügen darf, um ihn haltbar zu machen. Ungehinderte Gemeinschaft rückwärts findet nur bei stärkeren, mit mehreren tausend Mann besetzten Posten statt, die jene Rückenverbindung durch eine hinreichende Truppenabtheilung decken können. Liegt der Posten in einem Hause, muß dieses durch alle Mittel der Kunst

a) gegen einen gewaltsamen Angriff,
b) gegen Feuer gesichert seyn;
c) mit Lebensmitteln und Wasser versorget werden, und sich durch seine ganze Anordnung
d) so lange halten können, bis ein Entsatz oder ein Rückzug möglich wird.

III. Verpflegung.

1.) Die Brodportionen sind $1\frac{1}{2}$ bis 2 Pfund gutes Roggenbrod, oder bei den Armeen der südlichen Länder $\frac{3}{4}$ Weitzen und $\frac{1}{4}$ Roggen.

Mehl Pfund	und Wasser Pfund	trocknen bei d. Backen ein Pfund	geben Pfund Brod
1	$\frac{1}{2}$	$\frac{1}{6}$	$1\frac{1}{3}$
2	1	$\frac{1}{3}$	$2\frac{2}{3}$
3	$1\frac{1}{2}$	$\frac{1}{2}$	4
4	2	$\frac{2}{3}$	$5\frac{1}{3}$
5	$2\frac{1}{2}$	$\frac{5}{6}$	$6\frac{2}{3}$
6	3	1	8
7	$3\frac{1}{2}$	$1\frac{1}{6}$	$9\frac{1}{3}$
8	4	$1\frac{1}{3}$	$10\frac{2}{3}$
9	$4\frac{1}{2}$	$1\frac{1}{2}$	12
10	5	$1\frac{2}{3}$	$13\frac{1}{3}$
20	10	$3\frac{1}{3}$	$26\frac{2}{3}$
30	15	5	40
40	20	$6\frac{2}{3}$	$53\frac{1}{3}$
50	25	$8\frac{1}{3}$	$66\frac{2}{3}$
60	30	10	80
70	35	$11\frac{2}{3}$	$93\frac{1}{3}$
75	$37\frac{1}{2}$	$12\frac{1}{2}$	100
80	40	$13\frac{1}{3}$	$106\frac{2}{3}$
90	45	15	120
100	50	$16\frac{2}{3}$	$133\frac{1}{3}$
150	75	25	200
225	$112\frac{1}{2}$	$37\frac{1}{2}$	300
300	150	50	400
375	$187\frac{1}{2}$	$62\frac{1}{2}$	500
450	225	75	600

Ein Vierpfündiges Brod ist 11 Zoll lang, 5 Zoll breit und $3\frac{1}{4}$ Zoll hoch. Auf einem Raume von 100 Quadratfuß können demnach 756 Brodte liegen, wenn je 3 übereinander kommen; welches 3024 Pfund, oder 2016 tägliche Portionen ausmacht, zu $1\frac{1}{2}$ Pfund gerechnet.

Ein dreipfündiges rundes Brod ist 8 Zoll im Durchmesser und 3 Zoll hoch. Auf 100 Quadratfuß Raum ($33\frac{1}{3}$ Fuß lang, 3 Fuß breit) lassen sich
3 Reihen von 50 Stück
2 — — 49 —
zusammen 744 Brodte legen, welches 1488 Portionen sind.

Da 1 Berliner Scheffel Mehl 75 Pfund wiegt und 100 Pfund Brod giebt, so erhält man nachstehende Portionen.

Aus	1	Schfl.	Mehl	100	℔	Brod,	oder	$66\frac{2}{3}$	Portionen.
—	2	—	—	200	—	—	—	$133\frac{1}{3}$	—
—	3	—	—	300	—	—	—	200	—
—	4	—	—	400	—	—	—	$266\frac{2}{3}$	—
—	5	—	—	500	—	—	—	$333\frac{1}{3}$	—
—	6	—	—	600	—	—	—	400	—
—	7	—	—	700	—	—	—	$466\frac{2}{3}$	—
—	8	—	—	800	—	—	—	$533\frac{1}{3}$	—
—	9	—	—	900	—	—	—	600	—
—	10	—	—	1000	—	—	—	$666\frac{2}{3}$	—

Soll demnach eine bestimmte Anzahl Truppen verpfleget werden, zeigt umstehende Tafel die dazu erforderliche Menge Mehl, nach dem angenommenen Satz: „daß 3 Pfund Mehl 4 Pfund Brod geben.“

Portionen-Zahl	à 1½ ℔ erfordern täglich		à 2 ℔ erfordern täglich	
	Wispel	Scheffel	Wispel	Scheffel
50	—	¾	—	1
100	—	1½	—	2
200	—	3	—	4
300	—	4½	—	6
400	—	6	—	8
500	—	7½	—	10
1000	—	15	—	20
1100	—	16½	—	22
1200	—	18	1	—
1300	—	19½	1	2
1400	—	21	1	4
1500	—	22½	1	6
2000	1	6	1	16
3000	1	21	2	12
4000	2	12	3	8
5000	3	3	4	4
6000	3	18	5	—
7000	4	9	5	20
8000	5	—	6	16
9000	5	15	7	12
10000	6	6	8	8
15000	9	9	12	12
20000	12	12	16	16
30000	18	18	25	—
40000	25	—	33	8
50000	31	6	41	16
60000	37	12	50	—

Hieraus läßt sich denn leicht das Bedürfniß für eine bestimmte längere Zeit finden.

Ein vierspänniger Brodwagen kann 400 bis 500 vierpfündige Brodte fahren. Das Mehl aber wird in Fässer von 450 Pfund geschlagen, deren ein vierspänniger Wagen 5, bei gutem Wege auch wohl 6 laden kann.

2.) Bäckerei.

Ein Feldbackofen bestehet aus 7 eisernen Bügeln, die 18 bis 20 Centner wiegen. Um ihn aufzurichten und mit Ziegeln zu übermauern bedürfen 2 Maurer 3 Stunden, und in eben so viel Zeit wird er durch gelindes Feuer getrocknet und geheizet. Er faßt 170 bis 200 Brodte, und es kann darin täglich fünfmal gebacken werden. Nämlich man braucht

$1\frac{5}{8}$ Stunde	zum Einsäuern des Teiges	5 Stunden.
$\frac{6}{8}$ —	zum Abwiegen und Auswürken	
$\frac{4}{8}$ —	zum Schieben des Brodtes	
$1\frac{5}{8}$ —	zum Backen	
$\frac{4}{8}$ —	zum Herausnehmen des Brodtes	

Auf 400 Brodte rechnet man $\frac{1}{2}$ Klafter Holz.

3.) Andere Lebensmittel.

Wird anstatt des Brodtes Zwieback gegeben, bekommt der Mann nur 1 Pfund täglich.

Die bei der Königl. Preuß. Armee angenommenen Sätze sind:

	täglich			
Fleisch (frisch oder gesalzen)	$\frac{1}{2}$	Pfd.	—	Loth.
Speck	$\frac{1}{4}$	—	—	—
Reis	—	—	6	—
Graupen von Gerste .	—	—	8	—
Erbsen, Linsen oder Bohnen	—	—	16	—
Mehl zu Suppen . .	—	—	16	—
Kartoffeln $\frac{1}{4}$ Berliner Metze				
Rüben $\frac{1}{4}$ Berliner Metze				
Sauerkraut . .	—	—	16	—
Salz	—	—	2	—

Butter . . . — — 3 Loth
Rauchtaback . . — — $3\frac{1}{2}$ —
Bier, $\frac{3}{4}$ Quart
Branntwein, $\frac{1}{20}$ Quart.

4.) Rationen.

Bei der Preußischen Armee sind

a) Schwere Friedensrationen, à 3 Metzen Hafer, 5 ℔ Heu, 8 ℔ Stroh; für die Generale, die Brigadiers, die Adjutantur (sowohl Sr. Maj. als der Generale und Brigadiers), den Generalstaab, das Ingenieurkorps, das Kriegsdepartement, die reitenden Jäger, das Kriegskommissariat, die Cuirassire, die Gardeuhlanen, und die Bespannung der Artillerie.

b) Schwere Rationen im Kriege. à $3\frac{3}{4}$ Metzen Hafer, 3 ℔ Heu und 4 ℔ Stroh, für die eben erwähnten Truppentheile.

c) Leichte Friedensrationen à $2\frac{1}{2}$ Metze Hafer, 5 ℔ Heu und 8 Pfund Stroh, oder

d) Leichte Rationeu im Kriege à $3\frac{1}{4}$ Metze Hafer, 3 ℔ Heu und 4 ℔ Stroh; für die Offiziere der leichten Kavallerie, der Infanterie, die Reitpferde der Artillerie, für alle Offiziere, welche nicht in die vorhergehenden Klassen gehören, die Festungskommandanten, Platzmajors und den Medizinalstaab.

Wird anstatt des Hafers Roggen oder Gerste gegeben, so fällt nach der Rationzahl:

Rationen.	Hafer.		Roggen.		Gerste.	
	Schfl.	Metz	Schfl.	Metz.	Schfl.	Metz.
1	—	$3\frac{3}{4}$	—	$2\frac{7}{64}$	—	$3\frac{3}{64}$
2	—	$7\frac{1}{2}$	—	$4\frac{14}{64}$	—	$6\frac{6}{64}$
3	—	$11\frac{1}{4}$	—	$6\frac{21}{64}$	—	$9\frac{9}{64}$
4	—	15	—	$8\frac{28}{64}$	—	$12\frac{12}{64}$
5	1	$2\frac{3}{4}$	—	$10\frac{35}{64}$	—	$15\frac{15}{64}$
6	1	$6\frac{1}{2}$	—	$12\frac{42}{64}$	1	$2\frac{18}{64}$
7	1	$10\frac{1}{4}$	—	$14\frac{49}{64}$	1	$5\frac{21}{64}$
8	1	14	1	—$\frac{56}{64}$	1	$8\frac{24}{64}$
9	2	$1\frac{3}{4}$	1	$2\frac{63}{64}$	1	$11\frac{27}{64}$
10	2	$5\frac{1}{2}$	1	$5\frac{6}{64}$	1	$14\frac{30}{64}$
20	4	11	2	$10\frac{12}{64}$	3	$12\frac{60}{64}$
30	7	$\frac{1}{2}$	3	$15\frac{18}{64}$	5	$11\frac{26}{64}$
40	9	6	5	$4\frac{24}{64}$	7	$9\frac{56}{64}$
50	11	$11\frac{1}{2}$	6	$9\frac{30}{64}$	9	$8\frac{22}{64}$
60	14	1	7	$14\frac{36}{64}$	11	$6\frac{52}{64}$
70	16	$6\frac{1}{2}$	9	$3\frac{42}{64}$	13	$5\frac{18}{64}$
80	18	12	10	$8\frac{48}{64}$	15	$3\frac{48}{64}$
90	21	$1\frac{1}{2}$	11	$13\frac{54}{64}$	17	$2\frac{14}{64}$
100	23	7	13	$2\frac{60}{64}$	19	—$\frac{44}{64}$
200	46	14	26	$5\frac{56}{64}$	38	$1\frac{24}{64}$
300	70	5	39	$8\frac{52}{64}$	57	$2\frac{4}{64}$
400	93	12	52	$11\frac{48}{64}$	76	$2\frac{48}{64}$
500	117	3	65	$14\frac{44}{64}$	95	$3\frac{28}{64}$
600	140	10	79	$1\frac{40}{64}$	114	$4\frac{8}{64}$
1000	234	6	131	$13\frac{24}{64}$	190	$6\frac{56}{64}$

Ist man genöthiget, im Auslande sich eines andern Maaßes zu bedienen, ist folgendes ihr Verhältniß:

	Hafer	Roggen	Gerste
Berliner, Augsburger, und Danziger Metze	3	$1\frac{3}{4}$	$2\frac{1}{4}$
Braunschweiger, Cöllnische u. Hamburger Metze, u. Holländischer Vierling.	$1\frac{1}{2}$	$\frac{7}{8}$	$1\frac{1}{8}$
Böhmische Metze	$1\frac{3}{4}$	$1\frac{1}{48}$	$1\frac{5}{16}$
Dänische Viertel	$1\frac{1}{2}$	$\frac{7}{8}$	$1\frac{1}{8}$
Dresdner Metzen	$1\frac{17}{32}$	$\frac{28}{31}$	$1\frac{5}{31}$
Lievländische Kopp	2	$1\frac{1}{6}$	$1\frac{1}{2}$
Münchner Sechzehner	$2\frac{10}{13}$	$1\frac{8}{13}$	$2\frac{1}{13}$
Pariser Litrons	$6\frac{6}{31}$	$3\frac{19}{31}$	$4\frac{20}{31}$
Pohlnische Metzen	$1\frac{35}{68}$	$\frac{721}{816}$	$1\frac{37}{270}$
Russische Garnietz	$3\frac{9}{31}$	$1\frac{29}{34}$	$2\frac{13}{34}$
Schlesische Metzen	$2\frac{2}{11}$	$1\frac{3}{11}$	$1\frac{7}{11}$
Schwedische Kaper	$1\frac{1}{2}$	$\frac{7}{8}$	$1\frac{1}{8}$
Spanische Celemines	$1\frac{1}{8}$	$\frac{31}{32}$	$\frac{27}{32}$

Bei dem Fouragiren giebt 1 Schritt ins Gevierte 1 Garbe Getreide, deren jedes Pferd täglich 3 nöthig hat.

10 bis 12 Garben werden in Ein Bund gebunden.

100 Pferde erfordern 5 Schock Garben, oder 300 Quadratschritt Feld, und geben 25 bis 30 Fouragierbunde.

5.) Magazine.

1 Berliner Scheffel Getreide beträgt $1\frac{3}{4}$ Würfelfuß

1 Wispel = 42 Würfelfuß. Es giebt aber

1 Wispel 102 Rationen Hafer, 182 Rat. Roggen, oder 126 Rat. Gerste.

Ist demnach a die Länge, b die Breite und c die Höhe des auf dem Magazin liegenden Körnerhaufens, so ist $\frac{abc}{42} = x$ die Wispelzahl, oder hieraus $x.\begin{pmatrix}102\\126\\182\end{pmatrix}$ die Anzahl der vorhandenen Rationen zu $3\frac{3}{4}$ Metzen Hafer.

Auf dieselbe Art läßt sich auch die erforderliche Größe des Raumes für eine bestimmte Menge Getreide finden, indem man annimmt, daß der Haufen 2 bis $2\frac{1}{2}$ Fuß hoch ist, und eine gegebene Breite oder Länge hat.

Das Mehl wird in Fässern aufbewahret, die 3 Fuß lang und 2 Fuß dick sind. Auf 36 Quadratfuß finden 15 Fässer Raum, in 3 Lagen über einander.

Ein Würfelfuß Heu wiegt $3\frac{2}{3}$ Pfund, folglich 30 Würfelfuß 1 Centner, der 33 Rationen giebt.

Ein Würfelfuß Stroh wiegt 5 Pfund, daher ist Ein Centner oder 5 Gebund lang Stroh 22 Würfelfuß.

Ist das Heu und Stroh in Scheunen aufbewahrt, läßt sich aus dem berechneten innern Raume der letztern auch leicht die vorhandene Menge des Rauhfutters und die daraus zu bekommende Anzahl Rationen finden. Stehet es hingegen in Mieten oder kegelförmigen Haufen, so findet man aus dem Durchmesser d, durch das bekannte Verhältniß von 100 : 314 den Umkreis p, der mit $\frac{1}{4}$ d die Grundfläche, und mit $\frac{1}{3}$ der Höhe h, den Inhalt des kegelförmigen Haufens giebt $= \frac{pdh}{12}$.

6.) Zufuhren.

Wenn eine bedeutende Menge Wagen zusammen gehet, um der Armee zum Unterhalte zu dienen, eine Festung zu versorgen, oder einen Belagerungstrain zu bilden, geschiehet es entweder in Einer oder in mehreren Kolonnen. Bei jeder derselben wird alsdann

1) die ganze Anzahl in Brigaden von 100 bis 150 Wagen getheilet, und jede solche Abtheilung einem Offi-

zier untergeben, der 4 bis 6 Kavalleristen zu Erhaltung der Ordnung bei sich hat.

2) Vor dem Abmarsch müssen alle Wagen genau untersucht werden, damit Nichts schadhaft ist, und der Weg, so viel als möglich, ohne Unterbrechung zurückgeleget werden kann.

3) Aus der Länge der einzelnen Wagen läßt sich die Länge jeder Abtheilung bestimmen, die mit 1 Schritt Zwischenraum ununterbrochen hinter einander fahren. Jene Länge ist:

Der vierspännige Wagen 16 Schritt
— sechsspännige — 20 —
— Pontonwagen — 30 —
— Sattelwagen der Belagerungskanonen 46 bis 50 Schritt.
Die Laffetten derselben 31 Schritt.
— Zwölfpfünd. Kanonen 26 —
— Sechspfünd. — 20 —
— Haubitzen 20 —
Der vierspännige Munitionswagen 25 —
— sechsspännige desgl. 30 —

Man sieht hieraus, daß ein Zug von 450 bis 500 Wagen auf dem Wege immer Eine deutsche Meile lang ist.

4) Um die Pferde nicht so sehr zu ermüden, läßt man starke Wagenkolonnen nicht auf Einmal anspannen. Wenn nehmlich nach Verhältniß des bessern oder schlechtern Weges die Wagen Eine Meile zurücklegen in

Stunden	Ist der ganze Zug in Bewegung nach					
	500	1000	1500	2000	2500 Wagen	
2	2	4	6	8	10	Stunden.
3	3	6	9	12	15	
4	4	8	12	16	20	

Sie werden demnach an ihrem Bestimmungsorte ankommen, nach Stunden:

Zeit, welche auf 1 Meile nöthig ist	Entfernung des Ortes	Wagen.				
		500	1000	1500	2000	2500
2 Stunden	1 Meile	4	6	8	10	12
	2 Meilen	6	8	10	12	14
	3 Meilen	8	10	12	14	16
3 Stunden	1 Meile	6	9	12	15	18
	2 Meilen	9	12	15	18	21
	3 Meilen	12	15	18	21	24
4 Stunden	1 Meile	8	12	16	20	24
	2 Meilen	12	16	20	24	28
	3 Meilen	16	20	24	28	32

Bei 500 Wagen würde folglich nur die Erste Abtheilung anspannen; die zweite, wenn jene abfährt; dann die dritte ½ Stunde später, die vierte und fünfte aber Eine Stunde später u. s. f. Von 2000 Wagen können die letzten Abtheilungen noch 7 Stunden ruhig bleiben, während die Ersten schon in Bewegung, und zum Theil schon im neuen Quartiere angelangt sind.

5) Es dient gleichfalls zu Erhaltung der Pferde, wenn die Abtheilungen der Wagen jeden Marschtag abwechseln, so daß die Erste die Letzte, und die Zweite die Erste wird.

6) Wird ein Wagen schadhaft, muß er bei Seite geschoben werden, und sich nach geschehener Ausbesserung hinten an den Zug anschließen.

7) Bei Ankunft der Abtheilungen an einem Hohlwege, und ehe man hineinfährt, wird gehalten, und genau nachgesehen, ob kein Wagen schadhaft ist? In dem

Defilee selbst könntes das Ausbiegen nicht statt finden, und daher ein nachtheiliger Aufenthalt entstehen.

8) An Bergen läßt man die Wagen langsamer fahren, und von Zeit zu Zeit einige Minuten halten, um die Pferde wieder zu Odem kommen zu lassen. Aus demselben Grunde hält man auch am Fuße des Berges, vor dem Aufsteigen, und nach Beendigung desselben, oben auf der Höhe an.

9) Bei üblem Wege und auf langen Märschen ist es nothwendig, Einen oder Zwei Wagen mit Brettern, Balken, Pfählen ꝛc. an der Spitze der Kolonne fahren zu lassen und ihnen 12 bis 20 Mann mit Schanzzeug und Aexten beizugeben, um üble Stellen ausbessern, und Gräben und Wasserrisse überbrücken zu können.

10) Kommt der Transport an eine Fähre, oder einen steilen Berg, wo man genöthiget ist, einen Theil der Pferde abzuspannen, um die übrigen Gespanne damit zu verstärken, fährt der übrige Theil der Wagen diesseits und jenseits auf, bis alles völlig hinüber ist, und der Marsch fortgesetzt werden kann.

11) Bei Fuhren aus dem Lande wird strenge auf die Beobachtung der Abtheilungen gehalten. Kein Fuhrmann darf aus einer in die andere übergehen, und das Fourageholen, in die Tränke Reiten ꝛc. wird immer Brigadenweise verrichtet.

IV. Brückenschlagen.

1.) Schmale und tiefe Gräben.

Wenn die Breite des Wassers nicht über 20′ ist, kann er mit 5 Balken von 12″ Stärke überleget, und diese mit $1\frac{1}{2}$″ dicken Brettern bedeckt werden.

Zu Erhöhung der Tragbarkeit werden an jedem Ufer, zu beiden Seiten der Brücke, 2 starke Stämme abwärts übers Kreuz geleget, und auf diese ein starkes Holzstück unter die Lagerbalken geschoben, um denselben als Unterzug zu dienen.

2.) Breitere Flüsse.

Ueber breitere Flüsse werden Böcke unter die Balken gesetzt, deren oberes Holz 10 bis 12″ hoch und 14 bis 16″ breit ist, mit 5 eingelochten Füßen, um 1 Fuß höher als die Wassertiefe. Ihre Entfernung hängt von der Länge und Stärke des Belages ab;

6″ Höhe der Balken, giebt			8′ Entfernung.	
7″	—	—	— 10′	—
8″	—	—	— 12′	—
9″	—	—	— 14′	—
10—14		—	— 16—18′	—

Die Enden der Balken müssen 6″ wenigstens über den Bock überstehen. Wenn der Fluß leichten Sand- oder Moorgrund hat, wo die Bockfüße ungleich einsinken würden, müssen sie unten mit einem Boden von Brettern versehen werden. Die Maaße sind: (Fig. 6. 7.)

2 Sohlstücke ab.	8′ lang,	10″ breit,	9″ hoch.	
2 Zangen cd.	$3\frac{1}{2}$ —	10″ —	10″ —	
2 Ständer f.	5—7′ —	7″ —	7″ —	
4 Streben g.	4′ —	5″ —	5″ —	
2 Holme pp.	14′ —	8″ —	10″ —	
6 Bretter	8′ —	12″ —	$1\frac{1}{2}$″ —	

Sind die Balken am Zopf 9 Zoll hoch, auf 2 Seiten beschlagen, können sie 16′ im Lichten von einander stehn; ist demnach m die Wasserbreite, hat man

$\frac{m}{17}$ die Zahl der nöthigen Böcke,

$\frac{7.m}{34}$ die Zahl der Balken oder Straßenhölzer,

$\frac{10.m}{34}$ die eisernen Klammern, zu Befestigung der Balken.

Um **Ueberschwemmungen** zu überbrücken, werden 5 bis 6′ hohe, 3′ weite Schanzkörbe geflochten, in die Mitte derselben 3″ dicke Pfähle geschlagen und auf diese oben 3′ lange Kreuze befestiget, welche den Holm tragen, auf den die Straßenhölzer zu liegen kommen. Die Entfernung der Schanzkörbe im Lichten ist 14′, und der einzelnen in jeder Reihe 3′. Alles übrige ist wie bei den Bockbrücken. Die Länge der Holme hängt von der Breite der Brücke ab, die man zur Gemeinschaft bei Belagerungen bis auf 24′ setzen kann. Weil jedoch die gewöhnliche Länge der Bretter 12 bis 14′ ist, wird dies am häufigsten auch für die Breite der Brücke angenommen. Fig. 9.

Die Eintheilung der Balken ist:

	Fuß	Zoll
der überstehende Kopf	1	—
der Holm p	—	10
die Entfernung im Lichten	15	9
der zweite Holm q	—	10
die Entfernung im Lichten	15	9
der dritte Holm r	—	10
der überstehende Balken	1	—
	36 Fuß.	

Die nöthigen Materialien zu einer solchen Brücke zu finden, setze man die Wasserbreite = m in Fuß,

$\frac{7.m}{33}$ ist die Zahl der Balken, wenn 5 als Beleg und 2 die Bretter festzuhalten bestimmt sind.

$\frac{6. m}{33}$ die erforderlichen Schanzkörbe und Pfähle von 8 bis 9'.

$\frac{36}{33}$ m. laufende Fuß Holz zu den Kreuzen auf dieselben.

$\frac{90. m}{33}$ die eisernen Klammern, zu Befestigung der Balken.

$\frac{36}{33}$ m. die 11" breiten Bretter, zum Belag.

3.) Floßbrücken.

Zu diesen ist nur leichtes Nadel- oder Pappelholz anwendbar; alle übrige Holzarten sind, frisch gefällt, zu schwer, neben ihrem eignen Gewicht noch Etwas über dem Wasser zu erhalten.

Die Stämme müssen verkehrt neben einander gebracht werden, daß immer ein Wipfel neben das Stammende des andern Baumes kommt.

Man kann entweder a) die ganze Breite des Flusses mit Holzstämmen überlegen, die neben einander befestiget und mit Balken und Brettern überleget werden, oder es werden b) blos einzelne Flöße von 15 bis 18' Breite verfertiget, und mit 6' Zwischenraum neben einander gebracht, um dem Wasser einen freien Abfluß zwischen ihnen zu lassen. Die Stämme werden durch 4" starke Stangen a Fig. 15 vermittelst eingepflöckter Wieden befestiget. Es wird nehmlich auf jeder Seite ein 3" weites, 4" tiefes Loch in den Stamm gebohrt, ein Ende der Wiede hineingeschoben und ein 5" langer Pflock von hartem Holze darauf geschlagen. In jeder Flöße läßt man 3' vom Rande einen Stamm r fehlen, und bügelt 16" von der Latte einen 10" starken, 8 — 10' langen, runden Baum b auf, um in das dadurch entstehende Loch einen unten zugespitzten, 5 bis 6" starken Baum schieben, und die Flöße dadurch gegen die Gewalt des Stromes halten zu können. Die Länge des Baumes wird durch die Wassertiefe bestimmt.

Ist m die Wasserbreite, a die Breite einer Flöße, und b die Länge der Balken, giebt

$\frac{m}{a+6}$ die Zahl der Flößen und der erforderlichen Bäume, je nachdem mehr oder weniger derselben zu Einer Flöße kommen.

$\frac{7 \cdot m}{b-1}$ die Balkenzahl, weil die Balken 1′ über einander stoßen. Sie werden durch $\frac{10 \cdot m}{b-1}$ eiserne Klammern befestiget. $\frac{m}{11''}$ giebt die Zahl der Bretter zur Decke.

Muß man besorgen, bei frisch gefälltem Holze die Flöße durch den Uebergang zu tief eingetaucht zu sehen, werden Unterlagen von 2′ Höhe aus Holzstücken für die Lagerbalken gemacht, um die Bretterdecke während des Ueberganges trocken zu erhalten.

4.) Schiffbrücken.

Die Entfernung der Fahrzeuge wird durch die Länge und Stärke der Balken bestimmt; denn sobald jene 10 und mehr Fuß breit, und über 40′ lang sind, können sie jede übergehende Last tragen. Die Balken müssen auswärts 1′ überstehen, und — wenn der Bord der Fahrzeuge nicht stark genug seyn sollte, — durch verzapfte bockähnliche Gerüste von

1 Schwelle	12 bis 24′ lang,	12″ breit,	10″ hoch,	
1 Holm	14 bis 26′ —	10″ —	12″ —	
3 Stiele, v. d. Höhe des Bordes		6″ —	6″ —	
2 Streben	8′ lang,	6″ —	6″ —	

unterstützt werden. Sie können doppelt so viel Fuß frei liegen, als sie Zolle dick sind.

Jedes Schiff bekommt 2 Anker, oder bei nicht zu schnellem Strome abwechselnd 1 Anker gegen letzteren und 1 gegen den Wind, unterwärts.

Die Berechnung der Bedürfnisse geschiehet wie bei den Floßbrücken.

5.) Ponton-Brücken.

Bei 10′ Entfernung von einer Mitten zur andern.	Wasserbreite				
	200 Fuß	300 Fuß	400 Fuß	500 Fuß	700 Fuß
Pontons	20	30	40	50	70
Balken (22′ lang) . .	128	190	230	302	424
Bretter (11″ breit) . .	240	360	480	600	840
Anker	20	30	40	50	70
Würgeknüppel . . .	40	60	80	100	140
Staken oder große Ruder	20	30	40	50	70
Kleine Ruder . . .	6	6	8	10	12
Kleine Anker-Nachen .	1	1	2	2	2
Wasserschaufeln . .	5	7	10	12	16
Handpumpen . . .	3	3	4	5	7
Ankertaue . . .	20	30	40	50	70
Spanntaue (18 Fuß lang)	40	60	80	100	140
Bindeleinen . . .	220	330	440	550	750
Würgestränge . . .	50	70	90	110	150
Bindestränge von Hanfwerg	60	90	120	150	210

Woraus sich durch Verdoppelung die Bedürfnisse für jede größere Wasserbreite leicht bestimmen lassen.

Bei 16′ Entfernung.	Wasserbreite.				
	200 Fuß	300 Fuß	400 Fuß	500 Fuß	700 Fuß
Pontons . .	13	19	27	32	44
Balken. . .	88	128	176	211	289
Bretter . .	240	360	480	600	840
Anker . . .	13	19	27	32	44
Würgeknüppel .	40	60	80	100	140
Staken oder große Ruder. .	13	19	27	32	44
Kleine Ruder .	4	6	6	7	9
KleineAnker-Nachen	1	1	1	2	2
Wasserschaufeln	3	5	7	8	10
Handpumpen .	2	3	3	3	4
Ankertaue . .	13	19	27	32	44
Spanntaue . .	26	38	54	64	88
Bindeleinen . .	150	210	290	350	460
Würgestränge .	50	70	90	110	150
Bindestränge. .	39	57	81	96	132

Bei breiten und dem Anschwellen ausgesetzten Flüssen muß nach Verhältniß immer noch eine 50 bis 100″ größere Wasserbreite gerechnet werden.

6.) Eintheilung der Arbeiter.

Zu dem Brückenschlagen werden die Arbeiter folgendergestalt eingetheilet:

10 bis 15 Mann zu dem Einlegen und Festschnüren der Balken.

2 — 4 — zu dem Herbeifahren der Pontons.

3 — 6 — zu dem Ausfahren der Anker, je nachdem 1 oder 2 Nachen dazu angewendet werden.

3 Mann	—	zu Befestigung der Ankertaue an der Brücke.
1 — —	—	die Ankertaue anzustechen.
4 — —	—	zu dem Festwürgen der Rödelbalken.
1 — —	—	zum Herbeitragen der Bindeleinen.
30 — 50	—	— — — Balken.
20 — 40	—	— — — Bretter.
3 — —	—	am Niederlageort des Bauzeuges.

76 bis 124 Mann zusammen.

Um die noch aufgeladenen Pontons von den Wagen zu holen, werden noch besonders 24 bis 30 Arbeiter bestimmt.

7.) Fliegende Brücken

werden aus 2 großen Fahrzeugen, mit starken Balken bedeckt, erbauet. Die Balken kommen 3′ im Lichten von einander, und sind vorn in einen Stirnbalken verzapfet. Die Bretterdecke wird hier aufgenagelt.

Der Anker, um den sich die Brücke beweget, wird $\frac{8}{7}$ der Breite des Flusses abwärts, in die Mitte des letztern geleget. Ist der Strom nur schwach, kann man auch die Entfernung des Ankers nur auf $\frac{6}{7}$ bestimmen. Die Brücke erhält dadurch eine größere, bei schnellem Strome gefährliche, Geschwindigkeit.

Feldverschanzungen

und

Belagerungs-Arbeiten.

Inhalt.

V. Feldverschanzungen.

1. **Umriß.** Die viereckigen Redouten werden an der Feuerlinie nie **unter** 3 bis 4 Ruthen, und gewöhnlich nicht **über** 8 Ruthen auf jeder Seite groß gemacht. Man rechnet auch wohl, wenn die Besatzung bestimmt ist, auf jede Rotte 2'; oder auf 1 Ruthe 4 bis 5 Rotten. Auf Eine Kanone giebt man 12', oder nach Umständen 5 bis 10 Schritt, und im inneren Raume 200'□.

Für weniger als 100 Mann läßt sich keine geschlossene Schanze bauen; zum Lagern bedarf Ein Mann 23 Quadratfuß, wenn Hütten von 15 Fuß Länge und Breite gebauet werden, die 4 Fuß hinter einander stehen, und jede 15 Mann aufnimmt. In Blockhäusern darf man nur 16'□ auf jeden Mann geben.

Ist m die Zahl der Besatzung, und n die Breite des Auftrittes, so giebt $\sqrt{m.23} + n$ die Länge jeder inneren Seite der Brustwehr in Fußmaaß.

Stärke der Besatzung	Innerer Raum	Seitenlänge + n	Stärke der Besatzung	Innerer Raum	Seitenlänge + n
	QuadrFuß	Fuß		QuadrFuß	Fuß
100	2300	48	300	6900	83
120	2700	52	350	8050	89,6
130	2990	55	400	9200	96
140	3220	57	450	10350	102
150	3450	59	500	11500	110
160	3680	61	550	12650	123
170	3810	62	600	13800	135
180	4140	65	700	16100	bei dieser Größe werden mehrseitige Werke erbauet.
190	4370	65	800	18400	
200	4600	68	900	20[illegible]00	
250	5750	76	1000	23000	
260	980	78	1200	27600	
280	6440	80	1500	34500	

Für 2 Kanonen ist dann jede Seite um 20′ länger anzunehmen.

Zur Reserve wird $\frac{1}{5}$ oder $\frac{1}{8}$, auch wohl $\frac{1}{10}$ gerechnet; in größern Schänzen ist es vortheilhaft und nothwendig, mehrere Abtheilungen von der Reserve zu machen, jede zu 30 bis 50 Mann, und diese von der Besatzung des Umfanges abzuziehen.

Um mehrseitige Schanzen abzustecken, setze man die Stärke der Besatzung = m; die Stärke des ersten Gliedes = x, die Breite eines Soldaten = r, der Raum den sie an der Brustwehr einnimmt = rx, der Raum für c Kanonen = Rc; so ist der innere Umfang = rx+Rc, und wenn s die Zahl der Seiten andeutet, jede Seite

$$\frac{rx+Rc}{s}.$$

Das Verhältniß der Seite AB zum Perpendikul CD sei b : a so wird $CD = \frac{rax+Rac}{bs}$, und das Dreieck $ABC = \frac{1}{2}\left(\frac{rx+Rc}{s}\right)\left(\frac{rax+Rac}{bs}\right)$; folglich der Inhalt der ganzen Schanze

$$= \frac{1}{2}\left(\frac{r^2ax^2+R\cdot ra\cdot cx+ac^2R^2}{bs}\right); \text{ folglich}$$

$$x^2+\frac{2x}{r}\left(Rc-(1+m)\frac{blns}{ra}\right)\left(=\frac{2bLs}{a}-R^2c\right)\frac{c}{r^2};$$

wo die Reserve $m = \frac{1}{4}$, die Zahl der Glieder $n = 2$, l der für Einen Mann erforderliche Lagerraum, = 16 bis 23 Quadr.Fuß, und L den Raum für Eine Kanone und Protze ausdrückt.

Das Verhältniß der Seite AB. zum Perpendikul C D ist

Vieleck.	Halbmesser A C, wenn die Seite A B = 1.	Winkel am Centro	Halber Polygon-Winkel.	Perpendikul CD
VI.	1,00000	60°	60°	0,8660
VII.	1,15237	51° 25′	64° 17′	1,0382
VIII.	1,30657	45°	67° 30′	1,2072
IX.	1,46190	40°	70°	1,3737
X.	1,61804	36°	72°	1,5388
XI.	1,77470	32° 40′	73° 40′	1,7032
XII.	1,93188	30°	75°	1,8661
XIV.	2,24703	25° 40′	77° 10′	2,1906

Sobald die Besatzung einer Schanze über 400 Mann steiget, ist es zweckmäßiger, eine andere als die viereckige Form zu wählen. (Das Abstecken der Feldschanzen lehret Scharnhorsts Handbuch II. Thl. S. 64.)

Sternschanzen bei starker Besatzung sollten immer Neun- bis Zwölf-Ecke seyn, weil bei den kleineren der eingehende Winkel zu groß ist. Sobald dieser über 105° steiget, ist auf keine Seitenvertheidigung zu rechnen. Müllers Vielecke haben durchgehends 40 Schritt zur Feuerlinie Einer Seite, daher ist:

Vieleck	Halbmesser bis an die Feuerlinie	Durchmesser mit der Brustwehr	Geschütz	Besatzung	Innerer Raum in Q.Schritt
VI.	40 Schr.	110 Schr.	3	400– 600	4000
VIII.	52½ —	135 —	4	600– 900	9000
X.	65 —	160 —	5	1000–1400	12000
XII.	77 —	184 —	6	1200–2000	18000

Wenn Fig. 5 AB = 400′, ist der Perpendikel = 57′; daher BP = 207,95.

CE = DF = 66′ und DM = CL = 22½′; im

Sechseck EPF = 312, daher EG = GH = HF = 104'. (Fig. 5.)

Fig. 3 ist bd = 400 und ab = ad = 200 Schritt.

Bei **Montalemberts** Reduten ist die Capitale AB Fig. 8	=	25	Ruthen
CD die Capitale des Pfeilwerkes	=	$12\frac{1}{2}$	—
AE — — der Couvreface	=	5	—
der Façen der Couvreface	=	10	—
die Flanken derselben	=	$2\frac{1}{2}$	—
der senkrechte Abschnitt vom Schulterwinkel vor	=	3	—
die Façe des Pfeilwerkes	=	4—5	—
die Kehle desselben	=	5—6	—
Hinter der Kehle des Pfeilwerkes liegt die Redute	=	3	—
ihre langen Seiten sind	=	14—15	—
die schmalen Seiten sind	=	9	—

Sie schneiden die Kehle des Pfeilwerkes ab, und greifen vorn $1\frac{1}{2}$ R. lang u. $1\frac{1}{2}$ R. breit über.

Bei allen Feldwerken darf die Streichlinie ab (Fig. 3) für das kleine Gewehr nie 200 Schritt übersteigen; und überall, wo es irgend möglich ist, muß man die feindliche Enfilade durch die Lage der Linien zu vermeiden suchen. In Fig. 10 fallen alle vorwärts laufende Linien ab, cd, auf dem Kamme des Thalrandes zusammen, und bieten dem Feinde sich nicht zum Bestreichen dar. Nach Verhältniß der Breite des Thales kann ab = 400 bis 600 Schritt, ef = 50 bis 200 Schritt, und jede Flanke 20 Schritt, damit nach Abzug der Brustwehrstärke noch 12 bis 14 Schritt zu Aufstellung der Vertheidiger bleiben. Eben so wird Fig. 11 am = cm = 250 Schritt gemacht, und a mit 2 Kanonen besetzt, um das Thal zu bestreichen und den Feind in der Zange mit einem von allen Seiten kreuzenden Feuer zu empfangen.

Um in Fig. 22 die Enfilade zu verhindern, werden die Flanken cd und fg den steilen Hang hinauf gezogen und hinter ihnen Batterien p auf den Kamm geleget, um die Façen gk, dm zu bestreichen.

2.) Profile der Feldschanzen.

A.) Wenn GK die obere Grabenbreite gegeben ist, (Fig. 1) und DO = b, NO = e, NE = FN = y, FG = c, GK = l, und ABCDEFA = a^2; so ist

$$b:(e+y+c+l) = y:(y+c+l)$$

daher $y^2 + y(c+e+l-b) = bc+bl$.

$$y = -\tfrac{1}{2}(c+e+l-b) \pm \sqrt{(bc+bl+\tfrac{1}{4}(c+e+l-b)^2)}$$

Setzt man x für die Grabentiefe, und a^2 zu dem Inhalte des Grabens, wie 6 : 5, so ist $\frac{5}{6}a^2 = x(l-x)$; daher $x = \frac{1}{2}l \pm \sqrt{(\frac{1}{4}l^2 - \frac{5}{6}a^2)}$.

B.) Wenn $EF = \frac{y}{m}$; $Hh = \frac{x}{m'}$; $Ii' = \frac{x}{m''}$

und $b:(e+\frac{y}{m}+c+l) = y:(\frac{y}{m}+c+l)$ so ist

$$\tfrac{5}{6}a^2 = x\left(l - \frac{x}{2m'} - \frac{x}{2m''}\right).$$

C.) Setzt man $\frac{5a^2}{6} = B$, und die Anlage der Grabenböschung $= \frac{1}{n}x$; so ist die untere Breite $= l - \frac{2x}{n}$; daraus $x^2 - lnx = -Bn$ und

$$x = \frac{ln}{2} \pm \sqrt{(\frac{l^2n^2}{4} - Bn.)}$$

S. Fig. 2. Pl. I.			Ites Profil.	IItes Profil.	IIItes Profil.	IVtes Profil.
			Fuß.	Fuß.	Fuß.	Fuß.
AB.	Brustwehr. . .	=	6	8	12	16
BI.	Abdachung. . .	=	8	9	12	18
AH.	Höhe der Brustwehr.	=	7½	9	12	15
Ap.	Böschung der Brnstwehr.	=	1	1	1½	1½
pq.	Höhe der Auftritte. .	=	3½	5	8	9
Rq.	Breite der Auftritte.	=	3	4 — 5	4 — 5	18 — 25
st.	Abdachung der Auftritte.	=	6 — 9	15	10 m. Stuffen	18 — 25
IM.	Tiefe des Grabens. .	=	6	9	12	12
MN.	Breite des Grabens.	=	7½	14	24	48
ND.	Aeußere Böschung. .	=	3	4	6	6 — 12
BC.	Abdachung der Brustwehr.	=	4	5	6	5
EF.	Ueberhöhn der Brustwehr.	=	5	5	6	7½
ED.	Höhe des Glaçis. .	=	2½	4	6	7½
ur.	Abdachung der Brnstwehr.	=	— 8″	— 15″	1	1′ 8″

Die Kanonenbänke sind 12 — 15′ breit, 18 — 24′ lang. Die Auffahrten 9′ breit und ihre Länge zur Höhe wie 6 : 1. Im Nothfall ist auch 4 : 1 hinreichend.

Die Traversen sind aber 8 bis 10 Fuß dick.

Die Defilements-Höhe ist in der Ebne 4′ auf 600 Schritt, $7\frac{1}{2}$′ auf 300 Schritt.

Die Brustwehr der Flanken darf nicht über 9 — 10′ hoch seyn, um den Graben bestreichen zu können. Bei $1\frac{1}{2}$ Zoll Abdachung auf jeden Fuß trifft der Schuß auf 60′ die Grabensohle.

3.) Erd- und Rasenarbeit.

Aus der Ausgrabung der Erde läßt sich leicht die erforderliche Zeit und Arbeiterzahl zu dem Schanzenbau bestimmen. Man kann fast unter allen Umständen auf jeden Mann Eine Schachtruthe täglich rechnen. Wenn jedoch dieselben Arbeiter zugleich zu Aufführung der Brustwehr verwendet werden, darf man Ein nur mit 103 Würfelfuß in Ansatz bringen.

1 Schachtruthe giebt 166 Schubkarren Ladung. Die Karrenführer kommen 30 bis 36 Schritt von einander.

Die Bekleidungsrasen sind 15 — 18″ lang, 12″ breit, 4″ dick; 1 Quadratruthe giebt 96 derselben, und 1 Mann kann täglich 1000 stechen.

Hat die innere Böschung der Brustwehr 4 Fuß Höhe, werden 140 Rasen auf die laufende Ruthe erfordert, wobei $\frac{1}{10}$ auf den Abgang gerechnet ist. Als Deckrasen sind zu 1 Quadr.Ruthe 105 nöthig, nebst 300 bis 400 Pflöcken, 8″ lang, 3 — 4 Linien dick.

1 Mann kann 40 bis 46 Quadr.Fuß täglich bekleiden.

4.) Faschinenarbeit.

Die Batteriewürste sind 18′ lang, 10″ stark, und haben 17 Bänder.

Die Batteriefaschinen sind 12' lang, 10" stark, und haben 11 Bänder.

Gewöhnliche Faschinen sind 4—6' lang, 10" stark, und haben 3 — 5 Bänder.

Wasserfaschinen sind 12" stark, und haben unbestimmte Länge und Bänder.

Sappierbunde sind $2\frac{1}{2}$' lang, 9" dick, mit einem Pfahl in der Mitte, 38" lang.

50 Arbeiter besetzen 6 Faschinenbänke, und liefern stündlich von jeder 2 Batteriefaschinen von 12 Fuß.

Jede Faschinenbank bekommt 1 Handbeil, 2 Faschinenmesser, 1 Handsäge, 1 Bleischlägel und 1 Paar Würgestöcke.

1 Vierspänniges Fuder fichtenes Strauchholz, oder 1 Schock Gebunde von 6' Länge, 1' Stärke giebt 120 Fuß Faschinen. Eine gleiche Menge Weidenstrauch aber giebt 84' Faschinen.

Um die nöthige Menge Faschinen zu finden, giebt eine 10zollige Faschine 8" Höhe, und eine 12zollige 10" in der Brustwehr; oder 60 laufende Fuß geben 36 Quadratfuß Bekleidung.

1 Brigade von 4 Mann kann stündlich 6 zwölffüßige Faschinen einlegen und befestigen. Das dazu nöthige Werkzeug ist:

2 oder 3 Bleischlägel, 1 Handsäge, 2 Richtpfähle, 1 Faschinenmesser, 1 Handschlägel, 2 Schaufeln, 2 Handrammen.

5.) Schanzkörbe

Sind entweder gewöhnliche Sappenkörbe, $2\frac{1}{2}$ bis 3 Fuß hoch und 2' weit. Ein 4spänniges Fuder Fichtenes Strauchholz giebt 16 Körbe, die von 4 Arbeitern in 8 Stunden geflochten werden; oder:

Rollkörbe, 5' hoch, 3' weit, werden bisweilen auch zu dem Batteriebau angewendet. 1 Fuder Strauchholz giebt 4 bis 5 Körbe, zu deren Verfertigung 8 bis 12 Stunden nöthig sind. Eine gleiche Menge Weiden-

oder anderes schwaches Laubholz giebt nur 13 kleine oder 3 große Körbe.

6.) Hurten.

Die Hurten werden 6' lang, $3\frac{1}{2}$' breit geflochten. Eine Hurte ist einem Sappenkorbe in der Arbeit und dem erforderlichen Material gleich zu achten.

7.) Pfähle.

Zu den Faschinirungen sind die Pfähle, wie zu den Sappenkörben, 3 Fuß bis $3\frac{1}{2}$ Fuß lang, 2 Zoll stark. Solcher Pfähle liefert 1 Klafter Klobenholz, Einmal durchschnitten, 1000 Stück; oder ein Baum von 12'' Durchmesser 600 Stück, die von 6 Arbeitern in 7 Stunden verfertiget werden. Sie bekommen dazu 2 Sägen, 2 Aexte, 4 Beile.

8.) Pallisaden.

Die Länge der Pallisaden ist 11 Fuß im Graben, und überall da, wo sie 8 Fuß aus der Erde empor stehen müssen; 8 Fuß aber auf dem Auftritt des bedeckten Weges, wo die Pallisade nicht über 5 Fuß hervorstehet. Kann man die Bäume rund anwenden, werden 2 Mann in 8 Minuten einen 10 Zoll starken Baum fällen, und Ein Arbeiter kann in 8 Stunden 33 Pallisaden spitzen. Zwei Zimmerleute und Ein Handlanger setzen täglich 56 Pallisaden und befestigen die Latten daran, wenn sie anders dergleichen bekommen. Bei diesen aus Rundholz verfertigten Pallisaden ist die erforderliche Anzahl Baumstämme leicht zu bestimmen, weil hier jede Länge 1 Pallisade giebt. Gespaltene Pallisaden hingegen, von Buchen- oder Eichenholz, werden 11 auf die laufende Ruthe gerechnet.

Umfang des Baumes mit der Rinde	Ohne Rinde Durchmesser	Ohne Rinde Umfang	Giebt Pallisaden	Jede Seite ist breit die flache	Jede Seite ist breit die runde	Zu Einer laufenden Ruthe sind nöthig
44″	12″	37″	6	6	6	16
47″	13″	41″	6	6½	7	15
50″	14″	44″	8	7	5½	14½
54″	15″	47″	8	7½	5¾	14
58″	16″	50″	12	8	4	13

Eine gewöhnliche Pallisade wiegt von 52 bis 100 Pfund; man kann 12 bis 20 auf einem zweispännigen Wagen fahren. 2 Mann tragen ebenfalls Eine Pallisade, und können auf eine Weite von 100 Schritt stündlich 7mal gehen.

Zu den Tambours und Reduits werden vierkantig behauene Stämme, von 8 Zoll Stärke bei Eichen-, und von 12 Zoll Stärke bei Kiehnen- oder Fichtenholz, dichte an einander gesetzt und mit eingeschnittenen Schießlöchern versehen. Die Größe des Reduits giebt die Zahl der 11 bis 12′ langen Hölzer.

9.) Sturmpfähle

Sind lang 8′; dick 5″ bis 6″, mit 2″ Zwischenraum. Die Schwellen haben 6″ ins Gevierte.

Auf 1 Ruthe sind 20 Sturmpfähle und 2 Schwellen von 12′ Länge, nebst 40 starken Kopfnägeln, 9″ lang, nöthig. Ein Zimmermann und 2 Handlanger können täglich 80 Sturmpfähle legen und befestigen.

10.) Spanische Reiter.

Länge des Balken . . . 5′ bis 9′.

Stärke des Balken ins Gevierte . . . 6″.
Die Federn sind lang . . . 5′.
Die Federn sind stark . . . $1\frac{1}{2}$″.
Die Federn stehen im Lichten von einander $9\frac{1}{2}$″.
d. h. nach derselben Seite.

11.) Sandsäcke.

Sie sind $2\frac{1}{2}$′ lang, 1′ im Durchmesser, und enthalten 1 Würfelfuß Erde. Ein Mann kann jede Stunde 18 Sandsäcke füllen und zubinden.

12.) Schießlöcher und Scharten.

Es giebt dreierlei Arten Schießlöcher: 1) hoch und schmal; 2) niedrig aber breit, und 3) dreieckig; ihre Maaße sind:

	Höhe		Breite	
	außen	innen	außen	innen
a) in hölzernen Wänden von 8″ Dicke.				
1te Art . . .	6″	8″	$3\frac{1}{2}$″	6″
2te Art . . .	4″	6″	8″	16″
3te Art . . .	6″	8″	60″ / 8″	68″ / 12″
b) in Mauern.				
1te Art . . .	24	18″	18″	4″
2te Art . . .	6″	20″	24″	36″
3te Art . . .	8″	12″	12″	18″
aussen nicht unter 7′ und innen nicht über 4′ vom Horizonte. Dichte am Erdboden nur dann, wenn der Feind nicht heran kann.				
Schießscharten in Erdbrustwehren	36″	48″	108″	20″
bei den Breschbatterien .	36″	48″	80″	20″
bei den Haubitzbatterien .	o	40″	108″	30″
Kasemattenschießscharten .	30″	36″	60″	22″
Bei 3 Bewegungspunkten nach Montalembert, sind sie $4\frac{1}{2}$′ von d. äußern Mauerfläche verengt auf	—	24″	—	22″
ihre übrigen Maaße sind dann	30″	36″	60″	44″

13.) Wolfsgruben.

Obere Weite = $4\frac{1}{2}$ Fuß, untere Weite = $2\frac{1}{2}$ F.
Tiefe = 6 Fuß.
Länge des 3″ starken Pfahles = 6 Fuß.

Man macht auf 3 Ruthen 4 Gruben, und kann Ein Mann täglich 2 auswerfen. Die Pfähle werden vorher eingeschlagen, und dann mit einem Schneidemesser gespitzt.

14.) Verhack

wird 50 Schritt breit gemacht. 100 Schritt breit vor dem Verhack werden die Bäume 1′ über der Erde abgehauen und in die Linie des Verhaues geschleppt, dann aber die in letzterem stehenden Bäume abgehauen, daß sie mit den Wipfeln auswärts gegen den Feind fallen. Ihre Stöcke können 4 Fuß hoch bleiben. Der Verhack wird dadurch um so dichter.

Zwei Mann können eine 18″ starke Eiche in $1\frac{1}{4}$ Stunde, eine eben so starke Kiene oder Fichte aber in $\frac{3}{4}$ Stunden niederhauen. Man darf daher auf 2 Arbeiter mit scharfen Aexten täglich 4 Eichen oder 6 Fichten rechnen. Ein 50 Schritt breites und 100 Schritt langes Waldstück würde demnach von 4 Mann in 6 Tagen oder von 8 Mann in 4 Tagen sehr gut umgehauen werden können.

15.) Blockhäuser.

Sobald die Deckbalken eines Blockhauses keine Unterzüge bekommen sollen, dürfen sie nicht über 20 Fuß im Lichten frei liegen, damit sie sich nicht biegen. Eben so dürfen die Seitenwände nicht über 24′ lang seyn, wozu 36′ lange Stämme erfordert werden, die im Zopfe 12″ stark sind. 5 bis 6 derselben über einander machen eine Höhe von beinahe 7′. Die Schießlöcher werden 4′ über dem Horizont eingeschnitten.

Ist das Blockhaus den feindlichen Kanonenkugeln ausgesetzt, müssen die Schränkwände doppelt gemacht, und im Zwischenraum mit Erde ausgestampft werden.

Für mehr als 50 Mann werden die Blockhäuser kreuzförmig erbauet. Das Holzbedürfniß ist

	Zu einem Blockhause für 30 Mann	Zu einem Blockhause für 120 Mann
Schränkbalken zu den Seitenwänden . . .	24 Stämme	120 Stäme
Deckbalken, auf 3 Seiten beschlagen . . .	30 —	100 —
Randhölzer, auf 2 Seiten beschlagen . . .	3 —	6 —
Bohlen zur Thüre . .	2 Bohlen	2 Bohlen
desgl. zur Brücke über den Graben	2 —	4 —
200 und 300 Pallisaden .	70 Stämme	110 Stäme
Bretter zu den innern Thüren und zum Verschlag für die Offiziere . . .	—	2 Bretter
	—	5 —
Zu Verkleidung der Auftritte	—	32 —

Das kleine Blockhaus wird von 8 Zimmerleuten in 8 Tagen, das größere aber von 25 Mann in 10 bis 12 Tagen vollendet werden können.

16.) Gatterthore.

	Länge	Breite und Dicke
2 Thürpfosten . .	10 Fuß	10″ und 10″
1 Schwelle . . .	10 —	12″ — 10″
4 Ständer, 4 Querleisten und 2 Strebeleisten. .	6 und $4\frac{1}{2}$	5″ — 4″
1 Thorschwengel . .	$10\frac{1}{2}$ —	5″ — 4″
10 Staketen . . .	6 —	4″ — 3″
2 Sohlstücke . . .	3 —	9″ — 6″
4 Streben, die Pfosten zu halten . . .	$2\frac{1}{2}$ —	8″ — 6″

17.) Fladderminen und Bombenkasten.

Die Ladungen der Fladderminen sind:

K. W. Lin. Fuß	Pulverladungen in 3 verschiedenen Erdarten			Eine Seite des würfelförmigen Kastens Zoll.		
3	3 ℔	5 ℔	6 ℔	$4\frac{1}{2}$	—	$5\frac{3}{4}$
4	7	11	13	$6\frac{1}{2}$	—	$7\frac{3}{4}$
5	13	21	25	$7\frac{3}{4}$	—	9
6	22	37	44	$8\frac{1}{2}$	—	$10\frac{3}{4}$
7	35	58	69	10	—	$12\frac{1}{4}$
8	51	87	102	$11\frac{1}{4}$	—	$14\frac{1}{4}$

Die Bomben werden einzeln, oder 4 bis 8 in einen Kasten vereinet, 2 bis 3 (auch wohl mehr) Fuß tief in die Erde gegraben. Sie sind voll Pulver geladen, jedo h ohne Zünder.

Kaliber und Zahl der Bomben	Innere Grundfläche des Kastens	Innere Höhe des Kastens	Ladung aller Bomben	Halbmesser des Trichters einer einzelnen Bombe.
4 Achtzehnzollige	40″	19″	180 Pfd.	6 Fuß
4 Zwölfzollige oder 75pfündige	$24\frac{1}{2}$	$12\frac{1}{2}$″	68 —	5 —
8 — —	37	$12\frac{1}{2}$″	136 —	—
4 Funfzigpfündige	$21\frac{1}{2}$	11″	40 —	4 —
8 ——	32	11″	80 —	—
8 Dreißigpfündige	$27\frac{1}{2}$	$9\frac{1}{3}$	40 —	—
8 Fünf und zwanzigpfündige	$25\frac{1}{2}$	$8\frac{1}{2}$	$32\frac{1}{2}$ —	3 —
8 Zehnpfünd. Gr.	19	$6\frac{1}{2}$	12 —	2 —
8 Siebenpf. Gr.	$16\frac{1}{2}$	$5\frac{1}{2}$	8 —	$1\frac{1}{2}$ —

Die

Die einzelnen Bomben werden, nach Verschiedenheit des Kalibers, 4 bis 10 Fuß von einander in der vorstehenden Tiefe eingegraben. Zwischen den einzelnen Feuerleitungen muß wenigstens 1 Fuß feste Erde stehn. (S. unten bei Minen.)

VI. Belagerungs-Arbeiten.

1.) Materialien.

Bei Eröffnung der Laufgräben müssen schon bereit seyn:	Zu 2 Angriffen einer großen Festung	Zu 1 Angriff einer kleinen Festung
Faschinen 6' lang, 9" stark. auf jede Ruthe der Laufgräben 12. auf jede Ruthe Blendwerke 40.	120000	8000
Batteriewürste, 12' lang, 10" stark. auf jedes Geschütz 35	6300	2100
Sappenbunde, auf jede Ruthe Laufgraben 30.	10000	3000
Schanzkörbe, 2½' hoch, 20" weit, auf jede Ruthe Laufgraben 5.	15000	4000
Faschinenpfähle, von 2½'	670000	63100
Hurten.	1000	500
Blendungsrähme.	300	150
Sandsäcke, auf jede Ruthe Laufgraben 24.	40000	20000.

2.) Parallelen und Sappen.

Man legt die Erste Parallele nicht unter 400, nie über 1000 Schritt von dem Glaçis. Die dritte kommt an den Fuß des Glaçis, wenn nicht vielleicht Gegenminen unter letzterem liegen, und zu Anlegung einer vierten Parallele nöthigen.

Die Erste Parallele breit 10 bis 12 Fuß; tief 3 Fuß.
Die Zweite und dritte Parallele breit 12 F., tief 3 F.
Die Sappen und Communicationen breit 9—10 F., tief 3 Fuß.
Die doppelte gerade Sappe breit 12 Fuß, tief 3 F.

Erlaubt ein nasser oder felsigter Boden nicht, 3' tief zu graben, muß die Sappe um so viel breiter werden, um die nöthige Erde zur hinreichenden Stärke der Brustwehr zu bekommen.

3.) Logementer und Couronnements.

Die Laufgrabenkatzen liegen 40 bis 50 Schritt von den Pallisaden des ausspringenden Winkels. Sie müssen so hoch seyn, daß sie den Gang des bedeckten Weges 4 bis 5' überhöhen. Langt demnach eine doppelte Höhe der Schanzkörbe = 6' dazu nicht aus: werden unten 2 Reihen Schanzkörbe hinter einander gesetzt, um den beiden obern Reihen einen festen Grund zu verschaffen.

Die Communication der Laufgrabenkatze gehet zu beiden Seiten um etwa 10 Schanzkörbe über die Verlängerung der innern Fläche des Glaçis hinaus, wo sich dann die Katze selbst herumbieget, 12 bis 16 Schanzkörbe lang. Der oberste Auftritt muß 3 bis 4' breit seyn.

Zu dem Couronnement wird die Sappe 17½ außerhalb der Pallisaden, etwa 3 Ruthen lang auf jeder Seite des vorspringenden Winkels geführet. Es kann — mit Einschluß der letzten Parallele — in 3 Tagen vollendet seyn.

Das Logement auf dem Glaçis bekommt auf jeder Seite 2 Traversen mit Umgängen: eine gegen den ausspringenden Winkel, und die andere an der Traverse des bedeckten Weges. Jede Traverse ist 6 Schanzkörbe lang, und 4 breit. Die Seitendeckung muß 12 Fuß von der Traverse abstehen, und ist 8 und mehr Schanzkörbe lang.

Berechnung der zum Couronnement nöthigen Schanzkörbe und Arbeiter:

Grabenbreite . . .	4 bis 8	Ruthen.
Bedeckter Weg . .	$2\frac{1}{2}$	—
Traverse und Umgang .	$2\frac{1}{2}$	—
Verlängerung darüber .	$2\frac{1}{2}$	—
Umfang der 2 Traversen des Logements . .	6	—
Die beiden Seitendeckungen	3	—
Die äußerste Biegung .	$2\frac{1}{2}$	—
	27	Ruthen.
	= 135	Schanzkörbe.

Hiervon das Dreifache, macht 81 R. = 405 Schanzk.

Das Couronnement der Minentrichter wird 8′ mit den Schanzkörben abgerückt, um nach dem Füllen der letztern einen 4′ breiten Auftritt zu behalten.

Das Logement auf der Bresche ist lang	10	Ruth.
die Communication zu beiden Seiten	10	—
	20	Ruth.

dazu sind 100 Schanzkörbe und eben so viele Arbeiter nöthig.

4.) Uebergang über den Graben.

Die Absteigung wird vermittelst eines Minenganges von der Contrescarpe nach der Grabensohle getrieben, wo man in 2 Stunden 1 Fuß Gallerie fertig machen kann. Man rechnet auf jeden Fuß Höhe der Contrescarpe 4′ Länge des Ganges. Dieser ist 4′ breit und 7′ hoch. Dicht hinter der Mauer gehet man auf jeder Seite 12 — 15′ seitwärts, um Raum zum Niederlegen der Materialien, Versammlung der Soldaten ꝛc. zu haben.

In 4 bis 6 Tagen wird die Absteigung vollendet.

Der Faschinendamm über einen Wassergraben ist unten 3 — 4 Ruthen, oben aber 1 Ruthe weniger breit. Die Schulterwehr bestehet aus 2 Reihen Schanzkörben hinter einander auf einer Faschinenlage, mit Sandsäcken gefüllt, und oben mit Faschinen überdeckt. An Materialien wird auf jede halbe Ruthe oder Eine Faschinenlänge erfordert:

	Faschinen Ueber den Hauptgraben.	Ueber den Ravelinsgraben.
Rechnet man 10 Faschinenstärken auf 6 Fuß Breite: ist die untere Lage v. 3 Faschinenhöhen der 48′ Breite	240	180
die zweite Lage von 42′ Breite .	210	150
die dritte Lage von 36′ Breite .	180	120
2 Faschinenlagen unter der Schulterwehr	20	20
die Bedeckung der Schanzkörbe .	20	20
	670	490
Sandsäcke auf jede Quadrat-Toise, mit Einschluß der Schulterwehr	518	379
Hurten, 6′ lang, 3½′ breit . .	21	21
Schanzkörbe	6	6

Diese hier angegebenen Materialien mit der Grabenbreite in Toisen multiplizirct, giebt die erforderliche Anzahl jeder Gattung, indem man $\frac{1}{5}$ auf unvorhergesehene Fälle hinzu rechnet.

Auf jeden Faschinendamm sind 6 Sappirer nöthig, folglich 18 zu drei Ablösungen; daher für 4 Uebergänge auf der Angriffsfronte 72.

Sie können bei ununterbrochner Arbeit in 4 Stunden 6 Fuß fortrücken, und daher in 4 Tagen über einen 10 Ruthen breiten Graben kommen, mit Einschluß der auf dem Damm befindlichen Schulterwehr.

Sollen die Faschinen, Pfähle rc. durch die Laufgrabenwacht herbeigetragen werden, setzt immer $\frac{1}{4}$ derselben das Gewehr ab, und legt die Materialien auf der Rückseite des vordersten Logementes nieder.

Hat der Festungsgraben fließendes Wasser, muß man sich einer Bock- oder schwimmenden Brücke bedienen. Die Böcke kommen doppelt so viel Fuß in ihrer Mitte von einander, als die Balken Zolle stark sind. Die Deckbretter haben gewöhnlich 12′ Länge, welches auch die Breite der Brücke ist, und man legt deren 2 oder 3 neben einander, um mit 10 bis 15 Mann Front übergehen zu können. (Siehe unten den Brückenbau.)

Floßbrücken über den Festungsgraben erfordern leichtes, schwimmbares Holz. Ist die Breite des Grabens x, die Dicke eines Stammes m, so hat man die erforderliche Zahl der Stämme $= \frac{x}{m}$. Sie werden, mit 2′ Abstand, mit 5 — 6″ hohen Balken beleget, auf welche dann die Bretterdecke kommt. Ist jedes Brett $= d$ breit, so giebt $\frac{x}{d}$ die Zahl der Bretter.

Auf jeden Sparren werden 6 eiserne Klammern, und zur Belegung (18. x + 18) Balken von 20′ Länge erfordert.

5.) Abschnitte.

Die Abschnitte während der Belagerung erfordern eine gute Anordnung, weil sie zum Theil im feindlichen Feuer ausgeführt werden. Sie sind entweder a) im Ravelin, oder b) in dem Bollwerke, das wieder hohl oder voll seyn kann.

Ausschachtung.	Länge.	Breite.	Tiefe oder Höhe.	Würfel-Fuß.
In der Brustwehr des Hauptwalles. . .	24'	24'	7½'	4320
Auf dem Wallgange .	54'	12'	9'	5832
				10152
Aufschüttung.				
Bis zur Höhe des Auftrittes	30'	24'	3'	2160
Die bloße Brustwehr des Abschnittes. . . .	36'	12'	4'	1728
				3888

Faschinenbekleidung ist nöthig:

1080 Quadrat-Fuß zur Escarpe, 60' lang, 18' hoch.
720 —— — Contrescarpe, 60' lang, 12' hoch.
162 —— — innern Böschung der Brustwehr, 36' lang, 4½' hoch.
270 —— — zu dem Profil.

2232 Quadratfuß.

Arbeiten, um den Abschnitt in 4 Tagen zu beendigen.

Da im Ravelin auf jeder Façe Ein Abschnitt gemacht werden muß, und folglich das Doppelte der oben angegebenen Arbeit, sind nöthig:

50 Erdarbeiter.
18 Faschinirer in 6 Abtheilungen.
4 zu dem Verankern der Faschinen.
8 zu dem Herbeitragen der Materialien.
6 Zimmerleute zu dem Bearbeiten und Befestigen der Sturmpfähle.

84 Mann mit 2 Offiziers und 4 Unteroffiziers.

Soll der Graben mit Holz verschrotet werden:

28 Sohlstücke	6′ lang,	7 u. 8″ stark,	}	zu den Zargen.
28 Ständer	11′ —	7 = 8 —	}	
28 Streben	6′ —	4 = 5 —	}	

60 laufende Fuß Schwellholz 10 und 8″ stark.
60 — — Holme 10 — 8″ —
1440 — — Dielen 11 — 2″ —

Zur Brustwehr sind dann nur 1500 laufende Fuß Faschinen und 1250 Pfähle nöthig.

b) in den Bollwerken.

Gehet hier, wie in den engen Bollwerken der ältern Form, der Abschnitt quer über die Kehle, und stellt er eine Polygonseite dar, so ist das Verhältniß der Ausschachtung und Aufschüttung:

Ausschachtung.	Länge.	Breite.	Höhe oder Tiefe.	Inhalt in Würfel-Fuß.
Von den Brustwehren u. Auftritten der Courtine	144′	24′	$7\frac{1}{2}$′	25920
Von dem Wallgange derselben . . .	84′	60′	$7\frac{1}{2}$′	37800
Graben vor der Courtine des Abschnittes . .	156′	57′	7′	62244
Graben vor den beiden Façen d. halben Bollwerke	156′	20′	7′	21840
				147804
Aufschüttung.				
Wallgang der Courtine des Abschnittes . .	150′	51′	$5\frac{1}{2}$′	42075
Wallgang der beiden Flanken und Façen . .	192′	51′	6′	58752
Brustwehr und Auftritt der Courtine . . .	150′	18′	$7\frac{1}{2}$′	20250
Brustwehr u. Auftritt der Flanken und Façen	252′	15′	$7\frac{1}{2}$′	28350
				149427

Da die ausgegrabene Erde $\frac{1}{12}$ und mehr aufschüttet, bleibet noch genug zu Erhöhung der Contrescarpe übrig.

Zu der Faschinirung wird erfordert

	Länge.	Höhe.	Inhalt Quadr.Fuß.
Zu der Brustwehr äußerlich . . .	480	$10\frac{1}{2}$	5040
Zu der Brustwehr innerlich . . .	480	$4\frac{1}{2}$	2160
Zu den Profilen des Walles	132	9	1188
Zu d. Profilen der Brustwehr . . .	54	6	324
			5712

Zu 8712 Quadrat Fuß sind ungefähr 12000 laufende Fuß 9 Zoll starke Faschinen nöthig; folglich für die Abschnitte in beiden Bollwerken 24000 Fuß, oder 4000 Faschinen von 6'.

Pfähle werden dazu erfordert 16000.

Pallisaden von 10'' Stärke, 9' lang 3250.

Holzwerk zu dem Reduit oder Blockhaus (S. oben.)
— zu den Communicationen 330 Fuß von 12'' ins Gevierte.
— zu denselben 330 Fuß von 8'' ins Gevierte.
— zur Treppe 36 Fuß von 12'' ins Gevierte.
— — — 72 — — 11'' u. 3'' ins Gevierte.
— — Verkleidung (Dielen) 1800 Fuß von 12'' und 2''.

Arbeiter.

Zu dem Abgraben des Walles und der Brustwehr der Curtine	80 Mann
Zu Aushebung des Grabens	65 —
Zu Ausgrabung der Poterne	10 —
Zu dem Rammen, Vergleichen der Erde ꝛc.	8 —
Zu dem Faschiniren	10 —
Zu dem Setzen der Pallisaden, Aufrichtung des Blockhauses ꝛc. mit Einschluß von 8 Zimmerleute	16 —
	189 Mann.

Es werden demnach 400 Arbeiter zu den beiden Abschnitten in den Bollwerken der Angriffsseite erfordert, welche die Arbeit in 18 Tagen beendigen können.

Wenn der Abschnitt blos zangenförmig, mit einem kleinen Ravelin vor sich, angeordnet wird, dessen Brustwehr 18' dick und 6 Fuß hoch ist, hat man

für die Brustwehr und den Austritt der Zange	42768 W.Fuß.
für die Brustwehr und den Austritt des Ravelins	28512 —
	71280 W.Fuß.

An Faschinen zur Verkleidung 12996 Quadr.Fuß, oder 17376 laufende Fuß, und 11584 Pfähle.

An Pallisaden 2000 Stück.

Das Zimmerwerk wie vorher, und kann ein solcher Abschnitt von 134 Arbeitern in 8 Tagen vollendet werden.

6.) Lünetten.

Lünetten kommen auf die ausspringenden Winkel des bedeckten Weges vor die Raveline, und Fleschen vor die eingehenden. Die Lünetten bekommen 80 bis 100 Schritt zur Face, 25 bis 30 Schritt zur Flanke, die perpendikulär auf die Kehle stehet. Ihr bedeckter Weg ist 6′ hoch, die Lünette selbst ist 14′ hoch.

Zu vorliegenden Werken giebt Mouzé 2 Reihen fünfeckiger Redouten A. C. D. Fig. 4. 1038 Schritt von einander. Die vorspringenden Winkel A, C, D werden 120 Grad; Df = 60 Schritt, fg = gh = 30 Schritt, kl = ki = lm = 40 Schritt; ii = 60 Schritt. Ann liegt 9′ unter kiik und ist ein bedeckter Stand für Infanterie.

Noch besser wird ki um die Dicke der Brustwehr + ½ Grabenbreite vor AC und AD gerückt, um mit Einer Kanone den Graben jeder vorderen Lünette bestreichen zu können.

VII. Minen.

1.) Maaße der Gallerien und der Minenhölzer auf 1 Ruthe Länge.

Höhe.	Breite.		Länge.	Breite.	Höhe.	Laufende Fuß.
		Gallerie mit 4 Thürgerüsten.	Fuß.	Zoll.	Zoll.	Fuß
3'	5'	4 Kappen . . .	4	5½	6½	16
		4 Schwellen . . .	4	4½	5½	16
		8 Thürstöcke . . .	6	5½	5½	48
		20 Bohlen . . .	3⅔	11	1½	73⅓
		28 Bretter . . .	7⅓	11	1¼	200⅓
3'	4'	Gallerie mit 3 Thürgerüsten.				
		3 Kappen . . .	4	4½	5½	12
		3 Schwellen . . .	4	3⅓	4½	12
		6 Thürstöcke . . .	4¾	4½	4½	28½
		15 Bohlen . . .	4⅔	11	1½	70
		15 Bretter . . .	8⅓	11	1¼	125
2'	3'	Rameau.				
		3 Kappen . . .	3	3⅓	4½	9
		6 Thürstöcke . . .	3⅝	3⅓	3⅓	23
		3 Schwellen . . .	3	3⅓	3⅓	9
		18 Bretter . . .	8⅓	11	1¼	150

Zu den Schächten werden auf jede 3' Tiefe 1 Schachtgeviere erfordert, oder 4 Hölzer von 4½" ins Gevierte und 4' 9" lang; 4 Latten, und 8 Nägel oder Holzschrauben von 3" Länge.

2.) Minenarbeit.

1 Brigade von 4 Minirern setzt in 6 Stunden Ein Thürgerüste, und rückt demnach in 24 Stunden 12 Fuß

vor. Dieselben Arbeiter machen in 4 Stunden einen 9 Fuß tiefen Schacht mit voller Verschalung fertig.

Mit Bohlengevieren oder Holländischen Röhren können in 24 Stunden bis 36 laufende Fuß Rameau hergestellt werden.

Ein Globe de compression erfordert:

zu Abteufung des 18′ tiefen Schachtes	1	Tag,
zu dem Treiben des Ganges, 72 bis 78 Fuß, weil der Halbmesser des Trichters = 54′ ist,	6	—
das Laden und Versetzen	1	—
das Einrichten des Trichters zum Logement	1	—
das Treiben eines 18′ langen Rameaux	2	—
das Laden, Versetzen ꝛc. der 2ten Mine	1½	—
die 3te, 4te und 5te Mine	13½	—
	26	Tage.

Die Schachtminen werden von 9′ bis 18′ tief geleget; 18′ von einander entfernt, zu beiden Seiten der Capitale, und mit 400 Pfund geladen.

In den Gallerien fehlet die Luft – wenn kein Luftzug vorhanden ist — auf 150′, in den Rameaux auf 90′.

Man höret den feindlichen Minirer in der Erde, in festem Boden nicht über 45′ mit der Hacke arbeiten und die Pfähle eintreiben. Bei vorsichtiger Arbeit kann man ihn nicht einmal so weit hören. Jedoch kann er dann nur langsam arbeiten und in 24 Stunden nur 9′ vorrücken.

Die Zündwurst wird um 2′ länger als der Versatz.

1 Fuß Leinwand von 1¼ Elle Breite giebt 8′ Zündwurst von 10 Lin. Durchmesser.

Die Leitrinne der Fladderminen darf zur Sicherheit gegen Bomben nicht unter 4′ bis 5′ tief liegen.

Der Versatz ist in geraden Gallerien 2 mal die K.W.Linie; in gebogenen Rameaux = 1½ K.W.Linien.

Zum Versatz werden auf 20′ Rameau 280 Sandsäcke oder 1½ Klafter Holz erfordert. Werden die

Schachtminen mit loser Erde verdämmet, muß diese lagenweise, zu $\frac{1}{2}$ Fuß hoch, fest getreten werden.

Um den Versatz zu ersparen, werden die Ladungen verstärkt:

Ganzer Versatz = 1 bei einfacher, gewöhnl. Ladung.
Verminderter — = $\frac{2}{3}$ bei $1\frac{1}{4}$ Ladung.
— — = $\frac{1}{3}$ — $1\frac{1}{2}$ —
— — = 0 — 2 —

3.) Minenladungen.

Die Minenladungen verhalten sich wie die Würfel der K.W.Linien. Sind die letzteren gleich: verhalten sich die Ladungen wie die Quadrate der Trichter-Halbmesser, oder wie die Würfel der Halbmesser der Druckkugeln.

	Erdarten, in denen die Mine liegt.	Gewicht von 1 Würf. Fuß	Pulverladungen	
			auf 1 Würf. Fuß	auf 1 Würf. Toise
		Pfund	Unzen	Pfund
1.	Gartenerde mit Kies.	130	$\frac{8}{9}$	12
2.	Gemeine feste Erde.	95	1	$13\frac{1}{2}$
3.	Grober Sand.	124	$1\frac{1}{9}$	15
4.	Feuchter Sand.	132	$1\frac{1}{6}$	$15\frac{1}{2}$
5.	Steinigte Erde.	133	$1\frac{1}{4}$	$16\frac{7}{8}$
6.	Thonerde.	139	$1\frac{3}{8}$	$18\frac{9}{16}$
7.	Lehm mit Steingrus.	160	$1\frac{1}{2}$	$20\frac{1}{4}$
8.	Gewachsener Felsen.	160	2	27
9.	Mauerwerk.	—	$2\frac{1}{6}$	$29\frac{1}{4}$
10.	Sehr alte Mauern.	—	$2\frac{5}{8}$	$35\frac{7}{16}$

Auf die Erste Erdart haben die französischen Minirer folgende Tafel:

K.W.L.	Ladung	K.W.L.	Ladung	K.W.L.	Ladung
Fuß	Pfund	Fuß	Pfund	Fuß	Pfund
6	22	22	1084	38	5597
7	35	23	1238	39	6050
8	52	24	1408	40	6528
9	74	25	1591	41	7024
10	102	26	1790	42	7549
11	135	27	2005	43	8109
12	176	28	2235	44	8688
13	224	29	2482	45	9294
14	279	30	2750	46	9927
15	344	31	3033	47	10589
16	417	32	3337	48	11280
17	500	33	3660	49	12000
18	594	34	4002	50	12750
19	698	35	4364	51	13530
20	815	36	4758	52	14342
21	943	37	5166	53	15185

Um die Ueberladungen zu finden, dienet dieselbe Tafel, und die Erfahrung: „daß in lockerem Sandboden eine Ladung von 3660 ℔“ bei 12 Fuß K.W.L. einen 72 Fuß weiten Trichter giebt. Für eine K.W.L. = a und einen Trichter = 6. a hat man nach Gumpertz

$$12' : a = 33' : \frac{33 \cdot a}{12}.$$

Die Berechnung der überladenen Minen gründet sich auf nachstehende Erfahrungen:

K. W. L.	Erdarten.	Halbmesser des Trichters.	Halbmesser der Druckkugel	Wirkliche Ladung
Fuß		Fuß	Fuß	Pfund
10	Leichte Sand=Erde	10	14,14	100
10	Sand mit Tufstein	10	14,14	170
10	— — —	13,5	16,8	300
10	— — —	22,6	24,77	1000
15	— — —	20	25	980
15	— — —	35	38	3600
12	— — —	33	35,11	3000
10	Fester Lehm	10	14,14	200
15	— —	26,75	30,67	2400
15	Flugsand mit Thon vermischt	33	36,25	3500

Für die Ueberladungen giebt d'Arletan

K. W. L.	Ladungen für einen Trichter, dessen Durchmesser		
	4fach	5fach	6fach
10 Fuß	378 Pfund	695 Pfund	1150 Pfund
12 —	700 —	1150 —	1940 —
15 —	1380 —	2618 —	3670 —
20 —	3220 —	5565 —	9266 —
25 —	6207 —	10242 —	17426 —
30 —	10242 —	18778 —	30306 —

Die gewöhnlich geladenen Vertheidigungsminen müssen 2mal oder $1\frac{3}{4}$ K.W.Linien von den Neben=

Gallerien entfernt seyn, damit sie dieselben nicht quetschen. Liegen sie näher, muß man auch schwächere Ladungen anwenden.

Ladungen der Defensivminen.	Halbmesser der Wirkungssphären.		
	In leichtem Boden.	In Sand mit Kies.	In festem Thon.
50 Pfund	11,2 Fuß	9,4 Fuß	8,9 Fuß
70 —	12,5 —	10,5 —	9,9 —
100 —	14,1 —	11,8 —	11,2 —
120 —	15. —	12,5 —	11,9 —
150 —	16,2 —	13,5 —	12,8 —
170 —	16,8 —	14,1 —	13,4 —
200 —	17,8 —	14,9 —	14,1 —
220 —	18,3 —	15,4 —	14,6
250 —	19,1 —	16. —	15,2 —
270 —	19,3 —	16,5 —	15,6 —
300 —	20,7 —	17. —	16,1 —
350 —	21,4 —	17,9 —	17. —
400 —	22,3 —	18,8 —	17,8 —
450 —	23,3 —	19,5 —	18,5 —
500 —	24,1 —	20,2 —	19,1 —
550 —	24,9 —	20,9 —	19,8 —
600 —	25,2 —	21,5 —	20,3 —
650 —	26,4 —	22. —	20,9 —
700 —	27. —	22,6 —	21,4 —
750 —	27,7 —	23,1 —	21,9 —
800 —	28,2 —	23,6 —	22,3 —

Liegen die Minenkammern in schon Einmal gesprengtem Boden, wird man die Ladungen auf $\frac{66}{100}$ verringern und z. B. 198 Pfund anstatt der eigentlich angemessenen Ladung von 300 Pfund nehmen können.

Quetscher (Camouflets) werden wie die Fladderminen berechnet, und nach Verhältniß der Entfernung des Feindes geladen.

4.) Pul-

4.) Pulverkasten.

Sie sind von zweierlei Art: würfelförmige, und flache, mehr breit als hoch. Um die Größe der Erstern zu bestimmen, dienet folgende Tafel:

Pulverladung	Seite des Kastens	Pulverladung	Seite des Kastens	Pulverladung	Seite des Kastens
Pfund	Zoll	Pfund	Zoll	Pfund	Zoll
20	8	600	25½	1800	36½
30	9½	650	26	1850	36¾
40	10½	690	26½	1900	37¼
50	11¼	700	27	1950	37½
60	12	750	27½	2000	38
70	12¼	800	28	2100	38½
80	13	850	28½	2200	39¼
90	13½	900	29	2300	39¾
102	14¼	950	29½	2400	40¼
125	15	1000	30	2500	40¾
150	16	1050	30½	2600	41¼
165	16½	1100	31	2700	41¾
180	17	1150	31½	2800	42¼
200	18	1200	32	2900	42¾
250	19	1250	32¼	3000	43¼
270	19½	1300	33	3155	44
300	20¼	1350	33¼	3260	44½
320	20½	1400	33¾	3360	45
350	21¼	1450	34	3400	45¼
400	22¼	1500	34½	3500	45¾
450	23	1550	34¾	3600	46
500	24	1600	35¼	3700	46½
550	24¾	1650	35½	3800	47
570	25	1700	36	3970	47½

Es ist vortheilhaft, den Pulverkasten so einzurichten, daß nach eingeschütteter Ladung noch ¼ bis ½ Zoll leerer Raum über derselben bleibet.

Flache Pulverkasten.

Ladung.	Höhe des Kastens.	Seite der Grundfläche	Ladung.	Höhe des Kastens.	Seite der Grundfläche
Pfund	Zoll	Zoll	Pfund	Zoll	Zoll
100	12	15	1400	24	39½
150	12	18½	1500	24	41
200	12	21½	1600	24	42½
250	12	23½	1700	24	44
300	12	26	1800	24	45
350	12	28	1900	24	46½
400	12	30	2000	24	47½
450	18	26	2100	24	48½
500	18	27½	2200	30	44½
550	18	29	2300	30	45½
600	18	30	2400	30	46½
650	18	31	2500	30	47½
700	18	32½	2600	30	48½
750	18	33½	2700	30	49½
800	18	34½	2800	30	50½
850	18	35½	2900	30	51½
900	18	37	3000	30	52
950	18	38	3500	36	51½
1000	18	39	3600	36	52
1100	18	40½	3660	36	52½
1200	18	42½	4000	36	55
1300	24	38	5000	42	56¾

5.) Demolitionen.

a) Brücken werden durch einen langen Kasten unter dem Schlußstein gesprengt, der auf jede 0,01 Fuß Stärke des letztern 8 Pfund Ladung bekommt. Der Kasten wird unten gegen den Grund abgesteifet, oder bei fließendem Wasser eine Balkenflöße unter den Bogen gebracht, auf der die Stützen ruhen welche den Kasten halten.

Oder, man macht oben einen 10' langen Graben bis auf den Schlußstein, in Form eines Kreuzes, dessen Arme jeder bei 3' Stärke des Gewölbes mit 150 Pfund geladen werden.

b) Futtermauern werden mit Treffle-Minen gesprengt. Die beiden Seitenkammern kommen in die Strebepfeiler, jede auf 4' Mauerdicke mit 200 Pfund geladen.

Der mittlere Rameau wird um 6" länger als die Seitenrameaux zwischen 2 Strebepfeilern hindurch geführet, und mit etwa 8 Centnern geladen.

Sehr dicke Futtermauern durchschneidet man von aussen herein bis auf 0,75 ihrer Stärke, und ladet die Kammern mit 20 bis 30 Pfund auf jede Würfel-Toise, im Verhältniß ihrer K.W.L. oder ihrer Entfernung von der äußeren Fläche.

Man teuft auch dichte hinter der Futtermauer Schächte ab, und ladet auf jede 6' Mauerdicke mit 250 Pfund.

c) Gebäude. 200 Pfund Pulver in einem Kasten, gegen die Decke und die Seitenwände eines Gewölbes abgesteift, stürzen es gewöhnlich ein, sobald seine innere Größe nicht über 1260 Quadratfuß beträgt. Um übrigens die erforderliche Pulvermenge zu finden, mißt man den inneren Umfang, und rechnet auf jede zweifache Mauerstärke Eine Kammer, indem man die Mauerdicke als die K.W.L. ansiehet, der gemäß die Ladung nach Verhältniß der Festigkeit des Mauerwerkes — 24 bis 29 Pfund auf die Würfel-Toise — bestimmt wird. Diese Ladung um die Hälfte vermehret, wird den Einsturz jedes Gebäudes unfehlbar bewirken.

Bei größeren Gebäuden würde diese Ladung noch zu schwach seyn; man muß sie noch um so viel verstärken, als die Ladung jeder einzelnen Kammer beträgt, vermehret mit der Zahl, um wie vielmal 72 Quadrat-Fuß der innere Raum größer ist als 1260 Quadr.Fuß.

Erfordert z. B. das Mauerwerk 24 Pfund auf die Würfel-Toise, wird ein 1260 Qu.F. grosses Gebäude durch 20mal 44 Pfund Pulver gesprengt; ein 360 Quadr.F. grösseres aber durch 20. 44 + 5. 44 Pfund. Sind die Gebäude nicht quadratisch sondern lang, müssen 2 oder mehr Abtheilungen von der Sprengladung gemacht, die vorhandnen Thüren, Fenster und andere Oeffnungen aber mit starkem Holz fest zugesetzt werden.

d) Thürme.

Ein runder Thurm von 12 Fuß Durchmesser, 55 Fuß Höhe und 7 Fuß Mauerdicke ward von 102 Pfund Pulver eingestürzt.

Ein viereckiger Thurm, 15′ ins Gevierte, 75′ hoch, und 11′ stark, ward durch 1600 Pfund, in 4 Kasten in den 4 Ecken, zerstöhret. Er bestand aus 4 Gewölben über einander.

Ein runder Thurm, 30′ hoch, 8′ innerlich weit, 12′ in der Mauer dick, hatte oben ein 18″ dickes Gewölbe mit 6′ Erde oben auf. Er stand auf einem steilen Felsenrande, und hing mit einer Futtermauer zusammen, die einen Minengang hinter sich hatte. In der Widerlage des letztern, der an die Futtermauer stieß, wurden 4 Minen, 24′ von einander geleget, und jede mit 344 Pfund Pulver geladen, und eben so viel kam in einem Kasten in den innern Raum des Thurmes. Die Wirkung war vollkommen, doch ohne daß die Trümmern bis in das unterhalb des Berges liegende Dorf gerollt wären. Eine stärkere Ladung würde diesen Nachtheil hervorgebracht haben.

Um es zu vermeiden, lege man in ähnlichen Fällen die Kammern m p Fig. 14 Tab. III blos in der hintern angebauten Seite des Thurmes B in das Mauerwerk desselben, und die Wirkung wird sich vorzüglich auf die beiden hinteren Seiten AB erstrecken und der vordere Theil unberührt bleiben, wenn anders die Minen nicht zu stark geladen worden.

e) Minengänge.

Die Gallerien werden am leichtesten durch Quetschminen zerstöhrt, mit 5 bis 6 Pfund Pulver geladen. Man bohret zu dem Ende in der Hälfte der Höhe beider Seitenwände oder Widerlagen, 4′ tief schräge ein, ladet und versetzt wie bei dem bergmännischen Schießen. Ist Erde hinter den Seitenmauern, können 2 Minirer stündlich Einen Schuß zurichten und täglich 72 laufende Fuß Gallerie sprengen, wenn die Schüsse 6′ von einander gesetzt werden.

In Felsen haben sie 4 Stunden zu dem Bohren und Laden nöthig, so daß täglich hier nur 18′ gesprengt werden.

Artillerie.

Inhalt.

1.) Durchmesser der Kugeln in Rheinl. Zollen.

Kaliber der Kugeln.	Preussische	Oesterreichische	Sächsische .	Französische	Englische
	Zolle	Zolle	Zolle	Zolle	Zolle
$\frac{3}{16}$ ℔	1,09	1,08	—	—	—
$\frac{3}{8}$	1,374	1,36	—	—	—
1	1,90	1,874	1,	1,94	1,95
2	2,39	—	1,90	—	—
3	2,75	2,729	—	—	2,82
4	—	—	—	3,09	—
6	3,46	3,45	3,02	3,54	3,55
8	—	—	3,46	3,94	—
9	—	—	3,81	4,04	3,91
12	4,36	4,35	—	4,51	4,48
16	—	—	4,40	4,94	—
18	—	4,98	—	5,14	5,13
24	5,50	5,48	5,49	5,67	5,64
36	—	—	—	6,54	6
42	—	—	—	—	—
Bomben und Granaten					
4 — 6 ℔	—	3,46	4,60	—	4,07
7	5,50	5,53	5,55	5,50	5,09
8	—	—	5'87	6,25	—
10	6,36	6,23	—	—	—
16	—	—	7,15	—	7,52
25	8,48	—	{7,88	8,45	—
			8,37	—	—
30	8,93	8,98	—	—	—
32	—	—	9,21	10,35	9,46
50	10,59	—	10,55	—	—
60	—	11,34	—	—	—
75	12,15	—	—	12,24	12,38
100	—	13,41	—	—	—
Steinmörser	10,68	11,34	—	15,52	—
Handgranaten	2,75	2,74	—	3,66	—

2.) Spielraum.

a) der Preußischen Kanonen und Haubitzen.

3 ℔ige	0,11 Zoll	7 ℔ige	0,25 Zoll.
6 —	0,14 —	10 —	0,24 —
12 —	0,18 —	25 —	0,22 —
24 —	0,25 —	30 —	0,25 —

Mörser

7, 10 und 25 ℔ige	0,15 Zoll.
50 —	0,18 —
Steinmörser	0,22 —

b) Oesterreichische; Kanonen:

3 ℔ige	0,12 Zoll	12 ℔ige	0,20 Zoll.
6 —	0,18 —	7 — Haubitze	0,25 —

c) Sächsische Kanonen.

Bei der Sächsischen Artillerie wird auf 8 Pfund Kugelgewicht 1 Pfund Spielraum gegeben, welches etwa $\frac{1}{20}$ des Kugeldurchmessers oder 0,17 Dresdner Zoll beträgt. Für die Mörser ist 0,547 des Durchmessers der Bombe festgesetzt.

d) Französische.

Die Französischen Batteriestücke und Mörser haben 1,5 Linie, das Feldgeschütz — so wie alles Spanische Geschütz — 1 Linie Spielraum.

3.) Vergleichung des Geschützes.

Bei der geringen Schußweite der Demontir- und noch mehr der Breschbatterien ist die Vergleichung des Geschützes nöthig, um ein richtiges Abkommen auf das Ziel zu haben. Es wird zu dem Ende ein Kegel von Holz oder Metall auf die höchsten Kopffriesen gesetzt, dessen Höhe = dem Unterschiede des hintern und vordern Halbmessers. Dieser Unterschied ist in Rheinländischen Zollen:

24 ℔ige Kanonen	Zwölfpfünder				Sechspfünder		
	Schwere		Leichte		Schwere.		
1775 gegossen	Festungs Geschütz	Batterie-Stücke	Brummer	Mittlere	1766	1774 1777	1787
Zoll	"	"	"	"	"	"	"
1,85	1,90	1,75	1,75	1,50	1,30	1,35	1,50

Bei den Französischen Kanonen, ebenfalls in Rheinländischen Zollen:

Batteriestücke				Feldgeschütz	
24℔ige	16℔ige	12℔ige	8℔ige	12℔ige	8℔ige
2,64"	2,32"	2,10"	1,82"	1,34"	1,16"

Sächsische Kanonen:

12℔ige		8℔ige	
Schwere	Leichte	Schwere	Leichte
1,27"	1,18"	1,11"	0,89"

Die Sächsischen schweren und leichten Kanonen unterscheiden sich außer den Metallstärken durch die Traube, die bei ersteren spitz, bei letzteren aber platt und rund ist.

4.) Schußweiten der Feldgeschütze.

Kaliber und Länge.	Pulverladung	Elevation	Erster Aufschlag	Zahl der Aufschläge	Kugel bleibt liegen auf
	℔	Zoll	Schritt		Schritt
12℔ige schwere 22 Kugeln	5	1	878	5	2318
			1145	6	2454
		$3\frac{1}{4}$	1306	5	2548
			1673	4	2694
		4	1756	5	2394
			2009	7	2860
			2403	3	2754
12℔ige leichte 18 Kugeln	4	1	909	6	2589
			1275	7	2576
		$3\frac{1}{2}$	1427	8	2692
			1661	5	2736
		6	1744	6	2461
			2015	3	2506
		$6\frac{1}{4}$	2342	2	2830
6℔ige schwere 22 Kugeln	3	Visir u.Korn	707	3	2000
			1214	3	2122
		$1\frac{1}{2}$	1088	6	2070
			1430	3	2351
		$2\frac{3}{4}$	1400	3	2143
			1558	4	2700.
		$3\frac{1}{4}$	1555	3	2270
			1823	2	2435
		4	1556	4	2073
			1809		
6℔ige leichte 18 Kugeln	$2\frac{3}{4}$	Visir u Korn	712	2	2076
			892	4	1964
		$1\frac{1}{2}$	1160	3	1952
			1286	7	2286
		$3\frac{1}{4}$	1508	7	2415
			1700	3	2280
		4	1694	5	2300
			1839	8	2500
		$5\frac{1}{4}$	1711	3	2150
			2044	2	2500

Rollschüsse,

die Richtung war im Visirschuß oder über Metall, und abwärts mit 1° Depression.

Kaliber und Ladungen	Entfernung des Zieles in Schritt	Terrain	Aufschläge vor dem Ziel	Von 30 Kugeln haben getroffen	Die Kugeln bleiben liegen Schritt
12pfünder, schwer	1200	eben	1	1	2400 bis 2800
	1500	—	2	7	
	2000	—	5	7	
	1800	bergauf	2	4	
	1500	bergab	2	4	
12pfünder, leicht	1200	eben	1	5	2400 bis 2800
	1500	—	3	10	
	2000	—	7	10	
	1800	bergauf	2	4	
	2200	—	2	2	
	1500	bergab	3	6	
	2000	—	3	4	
6pfünder, schwer	1000	eben	1	5	1800 bis 2300
	1400	—	2	4	
	1800	—	4	7	
	1400	bergauf	2	4	
	1600	—	2	4	
	1400	bergab	5	12	
	1800	—	4	2	
6pfünder, leicht	1000	eben	1	2	1800 bis 2300
	1400	—	3	4	
	1800	—	5	9	
	1200	bergauf	2	9	
	1600	—	2	2	
	1400	bergab	5	10	
	1800	—	5	5	

Als Grundsatz kann man annehmen: daß die, bis 45 vor und hinter dem 6 Fuß hohen Objekt aufschlagenden Kugeln dasselbe treffen. Seitenabweichungen der Kugeln aber finden um so weniger statt, jemehr man im Stande ist, die horizontale Lage des Rohres zu sichern, und jemehr man überhaupt mit Sorgfalt und ohne Uebereilung bei dem Richten verfährt.

Schußweiten der Haubitzen.

Kaliber	Ladung	Elevation	Erster Aufschlag Schritt	Die Granate blieb liegen Schritt
7pfündige	¾ ℔	Visir-Schuß	327	1461
		2°	445	1501
			714	1430
		3°	944	1563
		4°	1110	1718
		5°	1241	1611
			1339	1630
		9°	1687	1834
		10°	1630	2030
			2680	2760
		15°	2049	2214
			2370	2375
	2 ℔	5°	1274	1650
		10°	1883	2090
			2580	2667
		15°	1755	8117
			2350	2350
10pfündige	2½ ℔	3°	992	1580
		5°	987	1589
		9°	1722	2007
		12°	1967	2070
		13°	2165	2180
		14°	2194	2215
		15°	2313	2321
		35°	3063	—

Französische Batterie-Stücke.

Kaliber der Geschütze	Ladung	Elevation	Schußweite
	℔	Zoll	Schritt
24℔der	7	0,33	800
	4	über Metall	500
		0,93	650
		1,25	800
	2½	3,93	800
	2	3,33	650
		2,76	500
	1¾	7,33	800
	1½	6,68	650
		2,59	375
	1	7,68	500
		4,85	375
	¾	6,59	375
16℔der	4	0,68	800
		0,70	650
	2¾	2,08	800
		2,00	650
		0,33	500
	2¼	4,70	500
	1¾	[illegible]95	650
	1½	2,93	500
	1¼	7,50	800
	1	6,93	650
	1	2,42	375
	¾	7,85	500
		5,00	375

Kaliber der Geschütze	Ladung	Elevation	Schußweite
	℔	Zoll	Schritt
12℔der	3	0,76	800
		0,33	650
	2¼	1,25	800
	1¾	2,0	800
		1,25	650
		0,42	500
	1¼	1,93	650
	1	1,76	500
	¾	6,85	800
		4,42	650
		4,25	500
		2,0	375
	½	4,05	375
8℔der	2½	0,85	800
		0,33	650
	1¼	1,93	800
		1,33	650
		0,50	500
Haubitzen 8zollige			
	1⅜	3,00	500
	1¼	3,17	500
		2,33	375
	⅞	3,59	375
6zollige	2	1,93	800
		1,59	600
	1⅜	2,42	650
		1,85	500
	1	2,59	500
	¾	2,33	370

Französisches Feldgeschütz.

Kanonen			Haubitzen	Schußweite
12 ℔ige	8 ℔ige	4 ℔ige	6zollige	
4 ℔ Ladung	2½ ℔	1½ ℔	1⅙ ℔	
Elevation	Elevation	Elevation	Elevation	Schritt
2,07″	1,99″	1,86	—	1250
1,63	1,54	1,37	—	1125
1,20	1,12	1,03	—	1000
0,77	0,77	0,68	—	875
0,43	0,43	0,43	3,96	750
1,03	1,03	2,07	3,10	625
Ueb. Met.	—	—	—	602
—	Ueb. Met.	—	—	590
—	—	Ueb. Met.	—	565
—	—	—	2,41	500
—	—	—	1,72	375
—	—	—	1,11	250

24pfündiges kurzes Geschütz

12 Kaliber lang, 2700 ℔ schwer; die Granate wiegt 18 ℔ und enthält 24 Loth Pulver.

Ladung	Elevation	Schußweite
6 pfünd. Kugel	Ueb. Met.	750 Schritt
3 bis 3½ pfünd. Granate	35°	bis 4500 —
2½ bis 3pfündige	18°	1250 —
	12°	1ter Aufschlag 900 — ganze Weite 3000 —
6pfünd. große Kartetschen.	6,10 Zoll	2500 —
	5,18 —	500 —
	3,62 —	450 —
	2,07 —	400 —
	1,03 —	300 —

Sächsisches Feldgeschütz.

Kaliber und Ladung	Aufsatz in Rheinl. Zoll. Für Schußweiten in Schritten: 600	800	1200	1600	2000
12℔ige schwere 5 ℔	—	Ueber Metall	1,8″	3,6″	5,4″
12℔ige leichte 4 ℔	—	0,22″	2,02″	4,05″	6,07″
8℔ige schwere $3\frac{1}{4}$ ℔	—	0,22″	1,91″	3,82″	5,85″
8℔ige leichte 3 ℔	0,22″	0,67″	2,2[illegible]″	4,05″	6,41″
4℔ige $1\frac{1}{3}$ ℔	0,22″	0,67″	2,13″	4,27″	6,52″
8℔ige Haubitze $1\frac{1}{2}$ ℔	2,02″ oder $3\frac{1}{2}$°	3,37″ 6°	6,07″ $10\frac{1}{4}$°	8,32″ 14°	— 20°
4℔ige Haubitzen $1\frac{3}{8}$ ℔	Ueber Metall	2,25″ oder 3°	4,05″ 5°	6,97″ 9°	— 15°

Schußweiten der Oesterreichischen Geschütze.

Kaliber	Ladung	Elevation	Schußweite	Bemerkungen.
			Schritt	
12pfünd. Kanonen	3 ℔	Ueb. Met.	600	Kartetschen
		—	800	
	2¾	¾ "	——	Kugelschuß
		1½ "	1000	
		2½ "	1200	
		3 "	1400	Die Kugel bleibt auf
		3½ "	1600	2400 Schritt liegen.
6pfünd.	2	Ueb. Met.	600	Kartetschen
		½ "	700	
	1½	¾ "	800	Kugelschuß
		1½ "	1000	D. Kugel bleibt auf
		2 "	1200	2000 Schr. liegen.
		2¼ "	1300	
		2½ "	1400	
3pfünd.	¾	Ueb. Met.	400	Kartetschen
		¼ "	600	
		¾ "	800	
		1¼ "	1000	
		1¾ "	1200	Granaten
7pfünd. Haubitzen	1½	Ueb. Met.	400—1600	
		1 "	600—1800	
		2 "	800—2000	die Erste Zahl
	1	½ "	400—1500	bezeichnet den
		1½ "	600—1700	1ten Aufschlag
	¾	1 "	400—1400	
		2 "	600—1600	
	½	Ueb. Met.	100— 800	
		1½ "	400—1100	
		2 "	500—1200	Wurfweiten ohne Aufschlag
		4 "	600	
		6 "	800	
	¾	3½ "	800	
		4½ "	1000	
		5 "	1100	
	1	2½ "	800	
		3½ "	1000	
		5 "	1200	
		5½ "	1400	
		6 "	1600	

5.) Gewicht der Geschütze.

Gattung des Geschützes.	Kaliber in Pfund.	Ladung in Pfund.	Gewicht des Rohres	Gewicht der Laffete	Gewicht der Protze
			℔	℔	℔
Preußische Feldkanonen	12	4	1945	1650	562
	6	$2\frac{1}{4}$	935	1132	810
Haubitzen	10	$2\frac{3}{4}$	1370	2330	700
	7	2	575	1322	590
Französische Feldkanonen . . .	12	4	1808	1433	[illegible]87
	8	$2\frac{1}{2}$	1186	1167	787
	4	$1\frac{1}{2}$	590	757	591
Haubitzen	8	$1\frac{1}{6}$	650	1267	787
Sächsische Feldkanonen	12	5	2383	1603	387
	—	4	1685	1384	550
	8	$3\frac{1}{4}$	1584	1153	524
	—	3	1121	1001	421
	4	$1\frac{3}{4}$	670	756	339
Haubitzen	16	2	1409	1991	497
	8	$1\frac{1}{2}$	707	1187	330
	4	$1\frac{3}{8}$	683	864	547
Oesterreichische Kanonen . . .	12	3	1618		
	6	$1\frac{1}{2}$	824		
	3	$\frac{3}{4}$	480		
Haubitzen	7	$1\frac{1}{2}$	573		
Englische Kanonen	12	4	2016	1841	
	6	$1\frac{1}{2}$	637	1064	
Haubitzen	7	1	450	1127	
Dänische Kanonen	12	4	2400	3224	mit Protze
	6	$2\frac{1}{2}$	1200	2259	—
	3	$1\frac{1}{2}$	600	1224	—
Haubitzen	10	$1\frac{1}{2}$	780	2070	—

6.) Länge der Laffetenwände.

Art und Kaliber des Geschützes.	Preußisches		Französisches		Sächsisches		Oesterreichisches	
	Fuß	Zoll	Fuß	Zoll	Fuß	Zoll	Fuß	Zoll
12pfünd. Kanonen	10.	3,2	9.	$3\frac{1}{2}$	12.	9	10.	$2\frac{1}{4}$
	11.	3	8.	$9\frac{1}{2}$	11.	4		
8pfünd. —	——		——		——		8.	$9\frac{2}{5}$
6pfünd. —	9.	2						
	8.	6						
4pfünd. —	——		7.	3	9.	$6\frac{3}{4}$		
3pfünd. —	8.	1	——		——		7.	$9\frac{1}{2}$
30pfünd. Haubitzen	11.	—	——					
25pfünd. —	10.	6	——					
16pfünd. —	——		——		12.	—		
10pfünd. —	9.	2	——		——			
8pfünd. —	——		8.	3	9.	9	——	
7pfünd. —	8.	11,5	——		——		8.	$9\frac{1}{3}$
	8.	1						

7.) Eindringen der Kugeln.

Kaliber des Geschützes	Ladung	Entfernung in Schritt	Eindringen in Fuß	
	℔		Fuß	
24pfünd. Kanonen	9	{ 400	$7\frac{1}{2}$	In Erdbrustwehren
		{ 800	7	
mit Granaten	1	160	3	
12pfünd. Kanonen	5	{ 400	7	
		{ 800	$5\frac{3}{4}$	
6pfünd. —	$2\frac{1}{4}$	800	$6\frac{1}{2}$	
3pfünd. —	$1\frac{1}{4}$	800	$2\frac{1}{3}$	
10pfünd. Haubitzen	$2\frac{1}{2}$	50	$3\frac{3}{4}$	
7pfünd. —	$1\frac{1}{2}$	50	$2\frac{1}{3}$	
12pfünd. Kanonen	4	425	4	In Holz
6pfünd. —	$2\frac{1}{4}$	425	$1\frac{3}{4}$ bis $2\frac{1}{2}$	
10pfünd. Haubitzen	$2\frac{1}{2}$	425	$1\frac{1}{3}$	
7pfünd. —	$1\frac{3}{4}$	425	2	
24pfünd. —	16	1500	— 9 Zoll.	7 ℔ Gr.
———	$1\frac{3}{4}$	———	— 3 —	In Stein.
———	$5\frac{1}{4}$	———	1 6 —	
———	12	100	3 — —	
12pfünd. —	5	200	1 — —	
———	4	1000	— 6 —	
7pfünd. —	$1\frac{3}{4}$	———	— 7 —	
———	—	24pfünd. Kugel	1 6 —	

8.) Brescheschießen.

Die Sturmlücke muß immer 6 bis 10 Ruthen breit seyn; 4 Vierundzwanzigpfünder haben 7 bis 8 Tage nöthig, um sie in einen ersteiglichen Zustand zu setzen. Jedoch wird gewöhnlich die Futtermauer schon am vierten Tage einzurollen anfangen. Man bezeichnet erst durch einzelne Schüsse die senkrechte Richtung der künftigen Bresche, dann schießt man eine horizontale Vertiefung in die Mauer, dichte über dem Wasserspiegel, oder 5 Fuß über der Sohle eines trocknen Grabens. Zuletzt schießt man lagenweise gegen das in der Mitte befindliche Stück, um eine stärkere Erschütterung zu bewirken und es desto schneller herabzustürzen. Man thut hierbei wohl, den 5ten oder 6ten Tag schwächere Ladungen (etwa $\frac{1}{4}$ Kugelschwere) anzuwenden.

9.) Wirkung der Granaten.

In einem Umkreise von 20′ Durchmesser und 6′ Höhe trafen bei dem Zerspringen:

1) von den 10pfündigen Granaten 3 bis 14 Stükke; in dem 40 Fuß weiten Umkreise aber 3 bis 11 Stücke.
2) Von der 7pfündigen Granate 2 bis 10 Stücke, und in dem 40 Fuß weiten Kreise 2 bis 11 Stükke.
3) Die gesprungnen Stücke fliegen auf 300 Schritt, mehr oder weniger.

10.) Kartetschenschüsse.

Die Wirkung der Kartetschen hängt von der Größe der Kugeln ab. 12löthige sind bis 800 Schritt wirksam, 6löthige hingegen nur bis auf 500 Schritt. Immer bediene man sich der Kartetschen gegen aufmarschirende, oder schon aufmarschirte Truppen; gegen Kolonnen, bei Vertheidigung langer Defileen ꝛc. aber immer des Kugelschusses.

Die Ausbreitung der Kartetschkugeln beträgt

auf	100	Schritt	25	Fuß.
—	400	—	100	—
—	600	—	150	—
—	800	—	200	—

Die Wirkung der Kartetschen beträgt nach Versuchen gegen ein 6 Fuß hohes Ziel:

Kaliber des Geschützes	1000 Schr.		800 Schr.		600 Schr.		400 Schr.		300 Schr.	
	200′	50′	200′	50′	200′	50′	200′	50′	200′	50′
12pfünd. Kanonen	6	$1\frac{1}{4}$	10	$2\frac{3}{4}$	26	10	42	28	44	33
6pfünd. Kanonen	—	—	7	$2\frac{1}{8}$	16	10	26	16	31	20
10pfünd. Haubitzen	—	—	7	2	12	6	27	18	—	—
7pfünd. Haubitzen	—	—	3	$2\frac{1}{4}$	8	6	17	12	—	—

Auf sehr unebenem Terrain bekommt man nur $\frac{1}{3}$ obiger Wirkung, so auch bei dem Schuß von einem Berge zum andern.

Aus der Höhe nach der Tiefe ist die Wirkung ebenfalls geringer, doch am kleinsten von der Tiefe gegen die Höhe.

Stehet der Feind hinter einer Erderhöhung, Gebüsch 2c., kann man sich auch mit Wirkung der Kartetschen bedienen, wenn man das Geschütz auf den Ruheriegel einfallen läßt, um im Bogen über den deckenden Gegenstand hinweg zu schießen.

Das hier der Ordnung nach folgende Bombenwerfen ist zu Ende dieser Notizen befindlich.

11.) Batterie-Bau.

a) für Kanonen und Haubitzen.	Zahl der Geschütze.				
	2.	3.	4.	5.	6.
Artilleristen, ohne die Unter-Offiziers .	12	18	24	30	36
oder . .	18	27	36	45	54
Arbeiter von der Infanterie	25	36	48	60	72
Schaufeln oder Spaten	43	63	84	105	126
Erd- oder Spitzhauen .	14	21	28	35	42
Bleischlägel . . .	6	9	13	16	19
Handrammen . .	6	9	12	15	18
Große Sägen . .	1	2	2	3	3
Handbeile . . .	3	4	5	6	7
Faschinenmesser . .	18	27	36	45	54
Richtscheite und Bleiwaagen	2	3	4	5	6
Meßstäbe . . .	2	3	4	5	6
Haspeln mit Absteckschnuren	2	2	2	2	2
Knebel, die Faschinen zu würgen, Paar . .	2	4	4	6	6
Handspeichen . .	4	6	6	8	8
Laternen und Lichte, Pfund	1	2	2	3	3
Stoßbalken . . .	2	3	4	5	6
Batterierippen . .	6	9	12	15	18
oder in lockerem Boden	8	12	16	20	24
Batteriedielen von 10″ Breite	34	51	68	85	102
Batterienägel, oder besser: Holzschrauben .	136	204	272	340	408
Pfähle zu den Bettungen	32	48	64	80	96

	Zahl der Geschütze.				
	2.	3.	4.	5.	6.
Batteriewürste von 12′ Länge und 10″ Dicke .	60	79	99	118	138
Faschinen . . .	52	69	86	103	120
Pfähle dazu . .	450	600	700	900	1050
Ankerpfähle, 3′ lang .	120	158	198	236	276
Ankerweeden . .	150	200	250	300	340

Der Inhalt der aufzuwerfenden Erde beträgt auf jedes Geschütz 2100 Würfelfuß, die Schießscharte 300 W.F., folglich sind 1800 F. aus dem Graben zu heben. Ein Arbeiter gräbt in 10 Stunden 144 Würfelfuß; folglich werden 25 Arbeiter ohne Schwierigkeit die Batterie auf 2 Kanonen in 24 Stunden schußfertig beendigen können, während die 18 Artilleristen Faschinen-Bettungen legen rc.

Die Maaße der Batterie sind:	Fuß	Zoll
Außerhalb des Geschützes ist der Flügel oder die Schartenzeile	9	—
Breite der Scharte inwendig . .	1	8
Entfernung der Scharten von einander	18	—
Länge der Flankendeckung . . .	12 bis 16	—
Breite des Grabens	12	—
Tiefe desselben	8	—
Breite der Berme	3	—
Höhe der Berme über dem Horizont .	—	6
Stärke der Brustwehr unten . .	20 bis 23	—
— — — oben . .	15 bis 18	—
bei den Breschbatterien nur .	12	—
Innere Höhe der Brustwehr . .	7	—
Aeußere — — — . .	6	4
Böschung der inneren Wand $\frac{2}{7}$ = .	2	—
— — äußeren Wand $\frac{1}{2}$.	3	—
Kniehöhe der Schießscharte über den Batterierippen	3	8

	Fuß	Zoll
Breite der Schießscharte auswendig . .	18	—
Breite der Bettungen	10	—
Entfernung der 3 Ripphölzer von einander	2	6
Abdachung der Schießscharten auswärts	1	—
Die Haubitz- und Rikoschetbatterien haben die Schießscharte blos inwendig, und steigen 10° oder 3 Fuß auswärts an.		
Die Schießscharten für die Haubitzen sind inwendig breit	2	6
Die Breschbatterien haben blos eine Brustwehrdicke von	12	—
Die Schießscharten sind auswendig weit	6	8
Dicke der Traversen	10	—
Entfernung der Magazine hinter der Brustwehr	40	—
Größe derselben ins Gevierte	8	9
Das Erste Geschütz der Rikoschettbatterien stehet von der verlängerten Façe der Festung einwärts	24	—
Auswärts bleiben 40 bis 70 Fuß frei; dann werden wieder 2 oder 3 Geschütze zu Bestreichung des bedeckten Weges aufgestellt. In den Zwischenraum kommen die Mörser.		

Auf Steinboden, wo man sich der Sandsäcke bedienen muß, wird auf jeden Würfelfuß 1 Sandsack gerechnet.

Ein Mann kann stündlich 30 Säcke mit Erde füllen; auf jedes Geschütz 1800 W.F. gerechnet, lassen sich die zu Füllung der Sandsäcke nöthigen Arbeiter leicht finden.

b) Mörser.

	Zahl der Mörser		
	1	2	3
Artilleristen ohne Unteroffiziers	3	7	11
oder bei schweren Mörsern	5	11	17
Arbeiter	17	33	49
oder . . .	15	29	43
Schaufeln oder Spaten . .	20	40	60
Erd- oder Spitzhauen . .	8	14	20
Bleischlägel	3	6	9
Handrammen	4	8	12
Große Sägen . . .	1	1	1
Handbeile	2	3	4
Faschinenmesser . . .	6	12	18
Richtscheite und Bleiwagen .	1	2	3
Meßstäbe	1	2	3
Haspeln mit Absteckschnuren .	2	2	2
Knebel zu dem Würgen der Faschinen, Paar . . .	2	2	2
Handspeichen	4	4	4
Batterierippen . . .	3	6	9
Dielen von 10″ Breite . .	10	20	30
Batterienägel oder Holzschrauben	40	80	120
Pfähle zu den Bettungen .	8	16	24
Batteriewürste von 12 Fuß Länge	40	54	67
Pfähle dazu	160	216	268
Ankerpfähle	30	40	50
Ankerwieden	40	50	60

Der Inhalt eines Kessels auf 1 Mörser ist ungefähr 2100 Würfelfuß; jedoch haben hier die Artilleristen weniger mit dem Faschiniren zu thun, und können daher bei dem Graben helfen.

	Fuß	Zoll
Die Länge des Brustwehrkastens auf 1 Mörser ist	12 — 15	—
Breite der Berme	3	—
Obere Dicke des Kastens	18	—
Untere — — —	23	2
Innere Höhe — —	7	—
Tiefe der Ausgrabung	2 — 3	—
Innere Böschung	2	—
Aeußere Böschung	3	2
Breite der Bettungen	6	—
Sie liegen von der Brustwehr ab . .	7	—
Ihre Entfernung unter einander . .	6	—
Desgl. vom Ende der Schulterwehr .	6	—
Tiefe des Kessels rückwärts . . .	30	—

12.) Batterie-Magazine, 8 Fuß ins Gevierte.

	In der Ersten Batterie			In der Zweiten Batterie		
	Zahl der Stücke	Länge Fuß	Stärke Zoll	Zahl der Stücke	Länge Fuß	Stärke Zoll
Schwellen . . .	4	8	8	2	10	8
Rähme	5	8	8	5	12	8
Stiele oder Säulchen	8	5	6	7	$4\frac{1}{2}$	6
Deckbalken . . .	26	8	10	13	16	10
Dielen zum Fußboden	4	15	2	4	15	2
— zum Verschlagen der Wände	19	15	1	10	15	1
— zu den Thüren	3	15	$1\frac{1}{2}$	3	15	$1\frac{1}{2}$
Summe des Rähmholzes	—	72	—	—	80	—
— des starken Holzes	—	208	—	—	208	—
— d. schwachen —	—	42	—	—	35	—
— der starken Dielen	—	60	—	—	60	—
— d. schwachen —	—	285	—	—	150	—

Hierüber 60 Faschinen und 4 Schock Nägel. Man kann jedoch die letztern entbehren, wenn man die Seitendielen in die Stiele einfuget, oder auch sogleich Erde hinter die Wände schüttet, daß die Dielen von derselben gehalten werden.

13.) Kugelhaufen.

Alle gewöhnliche Tafeln über die aufgesetzten Stückkugeln sind zu groß; man wird nie breitere Haufen als 8 bis 10 Kugeln finden. Denn 8 zwölfpfündige Kugeln geben schon über 3 Fuß Höhe des Haufens.

Eine Seite der Grundfläche	Dreieckige Pyramiden	Viereckige Pyramiden
2	4	5
3	10	14
4	20	30
5	35	55
6	56	91
7	84	140
8	120	204
9	165	285
10	220	385
11	286	506
12	364	650
13	455	819
14	560	1015
15	680	1240
16	816	1496
17	969	1785
18	1140	2109
19	1330	2470
20	1540	2870

Freistehende, zeltförmige Kugelhaufen.

Rücken des Haufens	Schmale Seite des Haufens.				
	2	3	4	5	6
3	11	26	50	85	133
4	14	32	60	100	154
5	17	38	70	115	175
6	20	44	80	130	196
7	23	50	90	145	217
8	26	56	100	160	238
9	29	62	110	175	259
10	32	68	120	190	280
11	35	74	130	205	301
12	38	80	140	220	322
13	41	86	150	235	343
14	44	92	160	250	364
15	47	98	170	265	385
16	50	104	180	280	406
17	53	110	190	295	427
18	56	116	200	310	448
19	59	122	210	325	469
20	62	128	220	340	490
21	65	134	230	355	511
22	68	140	240	370	532
23	71	146	250	385	553
24	74	152	260	400	574
25	77	158	270	415	595
26	80	164	280	430	616
27	83	170	290	445	637
28	86	176	300	460	658
29	89	182	310	475	679
30	92	188	320	490	700

Oberer Rücken des Haufens	Schmale Seite des Haufens.			
	7	8	9	10
3	196	276	375	495
4	224	312	420	550
5	252	348	465	605
6	280	384	510	660
7	308	420	555	715
8	336	456	600	770
9	364	492	645	825
10	392	528	690	880
11	420	564	735	935
12	448	600	780	990
13	476	636	825	1045
14	504	672	870	1100
15	532	708	915	1155
16	560	744	960	1210
17	588	780	1005	1265
18	616	816	1050	1320
19	644	852	1095	1375
20	672	888	1140	1430
21	700	924	1185	1485
22	728	960	1230	1540
23	756	996	1275	1650
24	784	1032	1320	1705
25	812	1068	1365	1760
26	840	1104	1410	1815
27	868	1140	1455	1870
28	896	1176	1500	1925
29	924	1212	1545	1980
30	952	1248	1590	2035

Wenn die langen Kugelhaufen sich auf jeder Seite in eine vierseitige Pyramide endigen, so ist die Zahl der darin befindlichen Kugeln, abgesehen von den beiden

Eckpyramiden, deren Inhalt in der Ersten Tafel aufgesucht und zu dem Haufen hinzugefüget wird:

Lange Seite der Grundfläche ohne die beiden Pyramiden.	Schmale Seite des Haufens.			
	3	4	5	6
6	40	70	110	161
7	46	80	125	182
8	52	90	140	203
9	58	100	155	224
10	64	110	170	245
11	70	120	185	266
12	76	130	200	287
13	82	140	215	308
14	88	150	230	329
15	94	160	245	350
16	100	170	260	371
17	106	180	275	392
18	112	190	290	413
19	118	200	305	434
20	124	210	320	455
21	130	220	335	476
22	136	230	350	497
23	142	240	365	518
24	148	250	380	539
25	154	260	395	560
26	160	270	410	581
27	166	280	425	602
28	171	290	440	623
29	178	300	455	644
30	184	310	470	665

Lange Seite der Grundfläche ohne die Pyramiden	Schmale Seite des Haufens.			
	7	8	9	10
6	224	300	390	495
7	252	336	435	550
8	280	372	480	605
9	308	408	525	660
10	336	444	570	715
11	364	480	615	770
12	392	516	660	825
13	420	552	705	880
14	448	588	750	935
15	476	624	795	990
16	504	660	840	1045
17	532	696	885	1100
18	560	732	930	1155
19	588	768	975	1210
20	616	804	1020	1265
21	644	840	1065	1320
22	672	876	1110	1375
23	700	912	1155	1436
24	728	948	1200	1485
25	756	984	1245	1540
26	784	1020	1290	1595
27	812	1056	1335	1650
28	840	1092	1380	1705
29	868	1128	1425	1760
30	896	1164	1470	1815

14.) Ausrüstung des Geschützes.

Zahl der Stücken		Nöthige Anzahl zu einer Batterie von Geschützen.
1	Kanone oder Haubitze pfündig	
1	fertig beschlagene Laffete dazu, mit Richtmaschine, Protzwagen, Hinter- u. Vorderbraake, Protz- und Hemmkette	
2	Setzer und Wischer	
1	Lumpenzieher	
1	Nothschraube	
1	Ladeschaufel	
1	Zündlochkappe oder Kapelle	
1	Mundpfropf	
1	Schraubenschlüssel	
1	Luntenverberger	
2	Luntenstöcke	
2	Räumnadeln oder Durchschläge	
2	Patronentornister	
1	Schlagröhrentasche	
1	Puderdose	
1	Bränder- oder Lichterbüchse	
2—4	Hindspeichen oder Hebebäume	
1	Bohrer	
1	Axt	
4	Eiserne Spaden	
6	Schaufeln	
4	Erdhauen	
1	Beil	
1	Hammer	
1	Zange	
2	große Schlepp od. Avancirtaue m. Knebel	
1	Lederner Kühleimer	
	Einige haarne Decken oder Rindshäute	
2	neue Schaaffelle zu dem Beschlagen der Wischer	

Zahl der Stücke.	An Munition:	Nöthige Anzahl zu einer Batterie von Geschützen.
	Scharfe Kugelschuß . . .	
	Kartetschenschuß mit lbth. Kugeln	
	— mit lbth. —	
	(zusammen ⅔ der Kugelschuß)	
	Schlagröhren (30 mehr als Schuß)	
	Zündlichter (1 auf 3 oder 5 Schlagröhren)	
½	Centner Lunte	
	Zu den Haubitzen:	
	Granaten mit eingesetzten Zündern	
	Pulverpatronen dazu, nach der Stärke aufgeführt.	
	Brandkugeln	
	Leuchtkugeln	
1	Brandtriebel	
1	Hölzerner Schlägel dazu . .	
1	Kupferner Trichter und 1 Hohlbohrer	
	Stallsachen:	
2—4	völlige Hintergeschirre m. Kumten, Vorder- u. Hinterzeug und Zugsträngen	
2	Brustkoppeln oder Schirrketten dazu	
2—4	Vordergeschirre zu den Riemenpferden	
1	Reitsattel mit Kreuzgurt, Packriemen und Steigbügeln, auch Riemen und Haken zum Hintergeschirr . .	
1	Reitkissen auf die Vorderpferde .	
1	Hölzerne Feldkrippe . . .	
	Vorräthige Zugstränge, auf jedes Pferd 1 Paar	
	Zweispännige Futtertücher oder zwillichne Feldkrippen . . .	
4—6	Zwillichne Freßbeutel (pr. Pferd 1)	
	Futtersäcke (pr. Pferd 1 Stück)	

Zahl der Stücke.		Nöthige Anzahl zu einer Batterie von Geschützen.
	Paar Fouragirstränge (pr. Knecht 1 P.)	
	Klafter, Stall- und Parkschnuren, pr. Pferd $\frac{3}{4}$ Klft. zum Stall pr. Pferd 1 Klft. zum Park	
	Pfähle mit eisernen Ringen, (pr. Pferd 1, und pr. 4 Klaftern Leine 1 Pfahl.)	
	Blei- oder Kampirschlägel . .	
2	Futter- od. Heckselladen (pr. 12 Pferde 1.)	
	Futterklingen (doppelt so viel . .	
	Streich- oder Wetzsteine . . .	
	Sensen (pr. Fahrzeug 1) . .	
	Sicheln mit Heften . . .	
	Beschlagne Wassereimer (pr. Fahrzeug 1)	
	Klopf- oder Tängelzeuge . .	
	Winkelmaaße	
	Metzen	
	Schock Bindestricke (pr. Fahrzeug 12 Stück)	
	Schock Bindestränge (pr. Fahrzeug 10 Stück)	
	Vorderbracken	
	Hinterbracken	
	Hemmschuhe für die Munitions- und Vorrathswagen	
	Hemmketten oder Hemmtaue . .	
	Wagenwinden	
	Paar Hufeisen (pr. Pferd 1 Paar vorräthig)	
	Hufnägel (20 pr. 1 Paar Hufeisen.)	
	Wagenbauerbeile } (pr. Batterie 2.)	
	Handsägen } (pr. Batterie 2.)	
	Vorhängeschlösser	

Zahl der Stücke.		Nöthige Anzahl zu einer Batterie von Geschützen.
	Vorrathsstücken.	
	Beschlagene Vorrathslaffete mit allem Zubehör	
	Laffetenräder (auf 6 Laffeten 2.) .	
	Protz- und Vorderräder (desgl.) .	
	Hinterräder (auf 10 Wagen 2.) .	
	Nothachsen / Fertige Achsen } desgl. . . .	
1	Paar Deichselarme	
1	Deichsel	
	Felgen (auf 5 Fahrzeuge 1.) . .	
	Speichen pr. Felge 2 Stück. . .	
2	Spannnägel	
	Doppelte Ziehbänder (auf 10 Fahrz. 1.)	
	Einfache — desgl.	
	Ziehbandnägel, pr. Ziehband 2. .	
	Würgebänder	
$\frac{1}{5}$	Wagenlinsen oder Vorstecker . .	
	Radenägel pr. Fahrzeug 1.) . .	
$\frac{1}{10}$	Zugnägel	
	Werkzeug für 1 Reitschmied.	
1	Lederne Beschlagebeutel . . .	
1	Würkmesser	
1	Beißzange	
1	Hornraspel	
1	Hufhammer	
1	Nieteisen	
1	Hauklinge	
1	Lochdorn	
1	Kleine Feuerzange	
1	Handhammer	
1	Scheere	

Zahl der Stücke.		Nöthige Anzahl zu einer Batterie von Geschützen.
1	Messer	
1	Hornkrätzer	
1	Maulgatter	
1	Aderlaßzeug	
1	Klistirsprütze	

15.) Aphorismen über den Gebrauch des Geschützes.

a) Uebernahme.

Bei der Uebernahme müssen Geschütz und Laffeten genau durchgesehen werden: ob alles gehörig fest und in gutem Stande, und das Zündloch nicht zu weit ist; ob die Richtschraube ihre gehörige Dienste leistet 2c., und ob der Wischer in das Rohr gehet. Man untersucht die Schlagröhrchen, ob sie in das Zündloch passen. Man siehet zu, ob die Kugel und vorzüglich die Kartetschenschüsse gehörig kalibriren; so wie, ob nicht vielleicht das Pulver in den Cartouchen naß und hart geworden, und folglich verdorben ist.

b) Stellung.

Hängt diese von dem Commandeur ab, so ist es vortheilhaft, sich hinter Sturzäcker — deren Furchen mit der Stellung ziemlich parallel laufen — hinter Feldränder, oder hinter sumpfige Wiesen zu setzen, wo die feindlichen Kugeln keine Aufschläge machen, sondern stekken bleiben. Hat man vor dem Gefechte 2 oder 3 Stunden Zeit, **sollte man nie unterlassen, das Geschütz 2 Fuß tief einzugraben**, und die Erde vorwärts gegen den Feind zu werfen. Man ist dadurch wenig=

wenigstens gegen ⅔ der feindlichen Schüsse gedeckt, die alle über das Geschütz hinweggehn.

Gegen aufmarschirende feindliche Truppen bediene man sich der Granaten und des Kugelschusses; gegen Linien aber von 100 und mehr Schritt Breite, der Kartetschen.

Von letzteren sind fast nur die großen für wirksam anzusehen; die 2 und 3 löthigen Kugeln thun nur bis auf 200 Schritt einigen Schaden.

Hinter Defileen, Dörfer u. dgl. setzt man sich 600 bis 800 Schritt, und beschießt den Eingang mit Kugeln, so daß diese 30 bis 40 Schritt vor dem Feinde aufschlagen.

Stehen mehr Geschütze neben einander, müssen sie 10 bis 25 Schritt große Intervallen bekommen. Agiret man dann gegen feindliches Geschütz, bestimmt man immer Eins derselben allen seinen Geschützen zum Ziel, und wenn dieses demontiret ist, das zweite u. s. f. Auf diese Weise wird man bei einer kaltblütigen, nicht übereilten Bedienung des Geschützes den Feind unfehlbar bald wehrlos machen.

c) Action.

Man fange nie über 2000 Schritt zu feuern an. Erst auf diese Weise kann man durch den Rollschuß einige Wirkung erwarten. Bei dem Gefechte mit feindlichem Geschütz aber stelle man sich so nahe, daß man einen wirksamen Visirschuß hat; oder wenn man schwere Kanonen nur kleinem Kaliber entgegen zu setzen hat, gehe man schnell bis auf 500 Schritt von ihnen vor, und suche den Feind durch ein lebhaftes Kartetschenfeuer aus der Fassung zu bringen. Dieses Mittel hat sich auch bei dem Angriff feindlicher, mit Geschütz besetzter Schanzen als vortheilhaft erwiesen.

Gegen letztere fähret man die Kanonen auf 800 Schritt dergestalt auf, daß sie die vorderen Seiten enfiliren; bei einer überlegenen Geschützzahl kann man je doch bis auf 600 Schritt herangehen, um die feindlichen Kanonen durch Schüsse in die Schießscharten zu demontiren. Man rechnet

auf 400 Schritt von 5 Schuß Einen,
— 700 — — 10 — —
— 900 — — 20 — —, der in jene trifft.

Die Haubitzgranaten werden mit verhältnißmäßig schwachen Ladungen und hohen Elevationen geworfen, damit sie bei dem Ersten oder Zweiten Aufschlage liegen bleiben und in der Schanze springen.

Bei Belagerungen, wo es — wie überhaupt fast immer bei dem Gebrauche des Geschützes, — nicht auf die größere Menge Schüsse, sondern blos auf die Zahl der treffenden Kugeln ankommt, müssen die Bettungen allezeit vollkommen waagerecht liegen, und deshalb sowohl anfangs als auch in der Folge von Zeit zu Zeit auf das sorgfältigste untersucht werden. Neben die Räder und den Schwanz der Laffete genagelte Latten erhalten die Richtung auch zur Nachtzeit unverändert, wenn sie am Tage durch genaues Beobachten der Aufschläge der Kugeln bestimmt worden. Daß man die Entfernung des Zieles von der Batterie genau wissen muß, verstehet sich von selbst.

16.) Petarden.

Die Petarde wird mit feinem Jagdpulver geladen, unter das man lagenweise von 3 zu 3 Zoll ein wenig Quecksilber mischt, um die Wirkung zu verstärken. Es ist zu diesem Behuf auch vortheilhaft, die Petarde nicht ganz voll zu laden, sondern etwa 1 Zoll leeren Raum auf dem Pulver zu lassen, dessen Menge gewöhnlich gegen 9 Pfund ist. Die Petarde wird durch einen Filzdeckel und einen genau in die Mündung passenden hölzernen Spiegel verschlossen, alsdann aber in dem Ausschnitt des Madrill-Brettes mit starken Nietschrauben befestiget.

Um sich der Petarde zu bedienen, wird sie von 2 Mann, zu deren Ablösung 4 andere bereit stehen, an das Thor getragen, und daselbst an einen eingeschraubten eisernen Haken gehangen, indem man zugleich den untern Theil des Madrillbrettes vermittelst des daran befindlichen Stockes gegen das Thor fest stellet.

Der Zünder wird mit einem langsamen Satz geschlagen, damit die Leute Zeit haben, sich zu entfernen.

Anstatt der Petarde dienet auch eine 20pfündige Granate. Bei dieser müssen jedoch die zündenden Artilleristen sich mehr vorsehen, weil die Stücke bei dem Zerspringen weiter umher geschleudert werden.

17.) Kunstfeuer.

Die Kunstfeuer dienen entweder für den Kriegsgebrauch, oder bei festlichen Gelegenheiten zum Vergnügen. Von beiden stehen hier wirklich erprobte Sätze, wobei angenommen werden muß, daß die Verfertigung der Hülsen, das Schlagen, Anbohren rc. schon praktisch erlernet und daher bekannt ist.

Im Allgemeinen ist bei den Kunstfeuersätzen zu bemerken: daß ein Zusatz von Schießpulver oder Salpeter die Sätze rascher, d. h. mit einer lebhaftern Flamme brennen macht. Schwefel und Kohlen hingegen machen ihn fauler, wo er folglich langsamer verzehrt wird. Ein Gleiches bewirken die kiehnenen Sägespähne, das Pech und Harz und das Colophonium.

Das Antimonium oder der Spießglanz bringt ein weißes, hell glänzendes Feuer: er ist daher zu Leuchtkugeln und Lustfeuerwerken vorzüglich brauchbar.

Talg, Oel und Fett machen den Satz langsamer, unterhalten aber dennoch ein starkes Feuer, und setzen entzündliche Stoffe leichter in Brand.

Branntwein und Weingeist wird zu dem Anfeuchten einiger Sätze gebraucht, denen er eine Art von Festigkeit giebt, ohne sie selbst zu verändern.

Die Stopinen bestehen aus lockeren baumwollenen Fäden, durch einen dünnen Teig von Branntwein und Mehlpulver gezogen, und im Schatten getrocknet. Zu den faulen Stopinen wird statt des Branntweins Gummiwasser genommen, wobei sie nicht so schnell verbrennen.

Der geschmolzene Zeug zu Verfertigung der Brandkugeln und Karkassen bestehet aus

	No. 1.		No. 2.		No. 3.	
	℔	Loth	℔	Loth	℔	Loth
Grobem, oder Hakenpulver	6	—	4	24	30	—
Feinem Jagdpulver . .	6	—	—	—	—	—
Mehlpulver . . .	7	—	—	—	—	—
Schwefel	—	—	7	—	—	—
Salpeter	—	—	14	—	—	—
Antimonium . . .	—	—	2	16	—	—
Pech	4	—	5	24	10	—
Blasenharz . . .	1	16	1	8	10	—
Colophonium . . .	1	—	—	—	5	—
Kiehnöl	1	—	—	—	—	—
Talg oder Schweinefett .	—	8	—	12	2	—
Heede oder Hanfwerg . .	—	8	1	8	1	16

Wenn das Pech, Harz 2c. geschmolzen ist, muß der Kessel von dem Feuer gehoben, oder dasselbe hinweggenommen, und das Pulver langsam u. vorsichtig untergerührt werden.

1) Zünder zu Bomben und Granaten.	Salpeter	Schwefel	Kohle	Mehlpulver	Andere Substanzen.
No. 1.	8	2	1	4	—
No. 2.	16	4	3	—	—
No. 3.	6	3	—	10	—
No. 4.	3	2		16	—
No. 5.	2	1	—	4	Kampher ½.
No. 6.	3	2	—	4	—

	Salpeter	Schwefel	Kohle	Mehlpulver	Andere Substanzen
2) Schlagröhrchen werden am besten mit feinem Kornpulver über einen Dorn geschlagen, oder auch mit . . .	16	4	—	24	6 Antimonium.
3) Zündlichter sind 3 bis 7''' stark, 15'' lang, aus dreifachem Papier, das $2\frac{1}{2}$'' breit geschnitten wird.	10	14	—	9	1 feines Kornpulver
	12	5	—	9	1 feines Kornpulver
	16	8	—	8	$\frac{1}{2}$ Colophon.
	8	3	—	4	
10 Lichter von 7 Lin. erfordern 1 ℔ Satz; so auch	1	3	—	3	$\frac{1}{12}$ Kampher.
25 von 3 Lin. Stärke.	16	7	—	3	
4) Raketen No. 1.	2	$\frac{3}{4}$	1	2	
— 2.	2	—	$\frac{5}{8}$	—	
von 8 Loth bis 1 ℔ — 3.	2	$\frac{3}{4}$	$1\frac{1}{8}$	2	$1\frac{1}{2}$ Gestoßenes Gußeisen oder Rohrspähne aus den Gewehrfabriken.
2 ℔ige — 4.	2	$\frac{3}{4}$	$\frac{7}{8}$	2	$1\frac{1}{2}$ Gestoßenes Gußeisen oder Rohrspähne aus den Gewehrfabriken.
4 ℔ige — 5.	2	$\frac{1}{2}$	1	3	$1\frac{3}{4}$ Gestoßenes Gußeisen oder Rohrspähne aus den Gewehrfabriken.

No. 3 bis 5 bekommen Hülsen von starkem Doppelpapier, und das Brandloch wird durch 1 Schaufel trocknen Thon gegen die Heftigkeit des Feuers gesichert.

Die Raketenstöcke werden nach dem Kaliber gleich großer Bleikugeln berechnet, und die Hülsen, nach Verschiedenheit des Kalibers, 8 bis 10 Kaliber lang gemacht.

Kaliber der Raketen	Durchmesser des Stockes	Länge der Hülse	Höhe des Satzes	Länge des Dornes	Gewicht des Schlages in fein Pulver	Länge des Stabs oder der Ruthe		Schwere desselben
	Zoll	Zoll	Zoll	Zoll	Loth	Fuß	Zoll	Loth
8 Loth	0,918	9,45	5,85	4,27	1	5.	7,5	7
12 —	1,071	10,80	6.52	4,50	$1\frac{1}{4}$	6.	5,6	8
16 —	1,179	11,93	7,20	4,95	$1\frac{1}{2}$	7.	7,0	10
1 Pfund	1,476	13,509	8,105	5,85	$2\frac{1}{2}$	8.	6,8	16
2 —	1,862	15,76	9,00	7,20	$4\frac{1}{2}$	10.	4,0	23
4 —	2,341	18,91	11,02	8,10	$6\frac{1}{4}$	12.	0,3	46.

Brand- und Leuchtkugeln.

Sätze:	Brandkugeln			Leuchtkugeln		
	℔	℔	℔	℔	℔	℔
Schwefel	13	6	10	$1\frac{1}{4}$	$4\frac{1}{2}$	6
Salpeter	6	1	4	$2\frac{1}{4}$	10	12
Mehlpulver	6	3	4	$\frac{5}{8}$	1	6
Kornpulver	—	—	3	$\frac{9}{32}$	—	—
Antimonium	—	3	—	$\frac{3}{16}$	1	—
Sägespähne	—	—	—	$\frac{3}{16}$	—	—
Kolophonium	$\frac{9}{16}$	—	—	—	—	$1\frac{1}{2}$
Therebintinöl	$\frac{9}{16}$	—	—	$\frac{1}{2}$	$\frac{1}{2}$	3
Kampher	—	—	—	—	—	$1\frac{1}{2}$
Salmiak	—	—	—	—	—	$1\frac{1}{2}$
	Die Sätze werden wie der geschmolzene Zeug verfertiget.			Die Sätze werden kalt, mit Therebintinöl angefeuchtet, verarbeitet.		

Pulversäcke.

Diese werden von starkem Drell gemacht, mit 2 bis 3 Pfund Pulver geladen, mit einem papiernen Granatenzünder versehen, mit Brandkütt überstrichen und in zerlassenes Pech getaucht. Man bedienet sich ihrer bei Belagerungen anstatt der Handgranaten.

Pechkränze

werden aus alten. in fließendes Pech getauchten Lunten, oder aufgezupften Tauen verfertiget, die man nachher mit Mehlpulver bestreuet, um sie leicht vermittelst eines Zündlichtes in Brand stecken zu können; oder man läßt folgende Mischung zu diesem Behuf über einem gelinden Feuer flüssig werden:

	℔	℔	℔	℔
Schwarz Pech . .	12	24	4	6
Weiß Pech oder Harz .	10	—	—	6
Kolophonium . .	—	—	8	4
Talg	6	12	—	8
Wachs	—	—	2	—
Therebintin . . .	—	—	4	—
Schwefel . . .	1	—	32	3
Salpeter . . .	2	—	16	3
Leinöl	2	12	—	32

Pechfaschinen

sind 4 bis 5 Zoll dicke Bündel von schwachen und trokkenen Reisern, in dieselbe Mischung getauchet, und mit Mehlpulver eingepudert.

Pechfackeln oder Windlichter

werden aus alten Tauen gemacht, die vorher in einer Salpeterlauge gelegen haben, und dann durch die Mischung No. I oder No. II gezogen werden:

	No. I.	No. II.	No. III.	No. IV.
	℔	℔	℔	℔
Pech	6	36	—	—
Harz	18	36	4	—
Theer	6	—	—	—
Leinöl	—	9	—	$\frac{1}{4}$
Wachs	—	—	4	—
Schwefel	—	—	$1\frac{1}{4}$	6
Kolophonium . . .	—	—	—	$4\frac{1}{4}$
Salpeter . . .	—	—	$\frac{1}{4}$	9
Antimonium . . .	—	—	—	$3\frac{3}{8}$
Terpentin . . .	—	—	$\frac{1}{4}$	$\frac{1}{4}$
Talg	—	9	—	—

No. IV wird wie die Zündlichter in $1\frac{1}{2}$ Zoll dicke Hülsen von Doppelpapier geschlagen, und widerstehet dem heftigsten Regen.

Ladungen der Bomben und Granaten.

Kaliber	7 ℔	10 ℔	25 ℔	30 ℔	50 ℔	60 ℔
Pulver-Ladungen	1 ℔	$1\frac{1}{2}$	$2\frac{1}{2}$	$2\frac{1}{2}$	3—4	5—6

Brandkütte.

2 ℔ klarer Hammerschlag oder Glühspahn,
$1\frac{1}{2}$ — — Eisenfeile,
1 — gestoßner ungelöschter Kalk,
$\frac{1}{2}$ — gesiebtes Ziegelmehl,
1 — grobes Roggenmehl,
mit Leimwasser zu einem schwachen Teig gemacht.

Lärm-

Lärmstangen oder Fanale

bestehen aus einer 4 bis 4½ Zoll dicken Stange, mit losem Stroh dergestalt umwunden, daß die Halme senkrecht herab hängen. Oben wird ein umgekehrtes Theerfaß auf die Stange befestiget und das Stroh mit warmen Pech begossen, das man zuletzt mit Pulver bestreuet, und mit einem leichten Dache gegen den Regen versiehet.

18.) Bombenwerfen.

Die Richtung des Mörsers wird auf zweierlei Art erhalten: 1) Indem man mit einem Bleiloth 2 Schritt hinter den Schemmel tritt, und die auf letzterem, so wie auf der Mitte des Mörsers zwischen den Delphinen, bezeichnete Mittellinie mit der, durch Pfähle auf der Brustwehr abgesteckten, Direktion genau in eine Linie bringt.

2) Wenn man, vermittelst eines langen Lineales und großen Zirkels, die Mittellinie auf der Mündung des Mörsers bezeichnet, den letzteren hierauf senkrecht stellt, und durch kleine Kegel von Metall oder Holz in die gehörige Direktion bringt. Wird hierauf neben dem Schemmel eine Linie mit Bleistift oder Rothstein auf die Bettung gezogen, läßt sich die Richtung nach derselben leicht gehörig verbessern.

Die Elevation begreift die Grade unter oder über 45°. Jene wird am gewöhnlichsten gegen die feindlichen Batterien und gegen freie Werke angewendet; der andern hingegen bedient man sich, um Gebäude, Magazine ꝛc. zu zerstöhren, weil die Bomben durch sie eine größere Percussionskraft bekommen.

Ist die Entfernung des zu bewerfenden Gegenstandes bekannt, wie es immer seyn muß: läßt sich nach geschehenem Probewurf der Erhöhungswinkel für jede gleich starke Ladung berechnen; denn die Wurfweiten verhalten sich hierbei wie die Sinus der doppelten Elevationswinkel. Hat man demnach mit einer bestimmten Ladung, u. unter 20° Elevation, 414 Schritt erreichet, und das zu bewerfende Festungswerk ist 500 Schritt entfernt: so ist der Sinus des dazu gehörigen doppelten Erhöhungswinkel des Mörsers $\frac{500. \text{Sin.} 2(20°)}{414}$ $=$ sin. 50° 55, dessen Hälfte die wahre Elevation $25\frac{1}{2}$° beinahe giebt.

Eben so ist die Wurfweite bei bestimmter Richtung für $67\frac{1}{2}$ Grad, wenn mit dem Probewurf unter 20° eine Weite von 400 Schritt erreichet worden:
$\frac{400. \text{Sin.} 2(67\frac{1}{2}°)}{\text{Sin.} 2. (20°)}$ $=$ 440 Schritt nahe.

Hierbei ist zu bemerken: 1) daß alle zu starke Ladungen zu große Verschiedenheiten in den Wurfweiten hervorbringen und deshalb vermieden werden müssen. Es ist deshalb erforderlich:

2) den Probewurf dergestalt einzurichten,
   a) daß die Bombe um etwas kürzer fällt, als die Entfernung des zu bewerfenden Gegenstandes beträgt;
   b) daß die Vermehrung der Elevationsgrade, um letzteren zu erreichen, nicht über 10 Grad ist. Denn nur unter diesen Bedingungen wird man ein, der parabolischen Theorie entsprechendes Resultat erhalten.

3) Muß man den Probewurf sorgfältig beobachten, und den Mörser nach dem Punkte richten, wo die Bombe niedergefallen ist. Der halbe Unterschied dieser und der Directionslinie nach dem eigentlichen Ziele wird hinter dem Mörser auf die Bettung, nach der entgegengesetzten Seite getragen, und dadurch die wahre Richtungslinie gefunden, die man immer beibehält: wenn nicht ein heftiger, von der Seite stoßender Wind eine veränderte Richtlinie nöthig macht.

Die Elevation darf immer nur nach 3 oder 4 Würfen geändert werden, um in kein unsicheres Hin- und Herschwanken zu verfallen: weil die natürlichen Unterschiede der wirklichen Wurfweiten, bei einerlei Ladung und Richtung, zwischen 30 und 100 Schritt betragen, wie mehrere mit Sorgfalt angestellte Versuche beweisen. Bei einem 60pfündigen Mörser mit zylindrischer Kammer, waren bei 1½ Pfund Pulverladung die größten und kleinsten Wurfweiten:

Elevations-Grad	Wurfweiten in Wiener Klaftern	Dauerzeit des Fluges
45°	142	7½ Secunden
	152	—
65°	135	11½ Secund.
	158	—
75°	88	12 Secund.
	99	—

Die Abweichungen der Bomben aus der vertikalen Richtungsebene entspringen: a) aus der fehlerhaften Lage des Mörsers auf seinem Block oder Schemmel, b) und der nicht durchaus waagerechten Stellung der Bettung; c) aus dem zu großen Spielraume der Bomben bei zylindrischen Kammern, wenn sie nicht genau auf der Mitte derselben liegen: weshalb auch die kegelförmigen Kammern immer genauere Würfe, und bei richtiger Behandlung geringere Seitenabweichungen geben.

Wäre man gezwungen, sich kleinerer als der kalibermäßigen Bomben zu bedienen: muß der leere Raum neben der Bombe mit Heu ausgestopft, oder dieselbe durch hölzerne Keile in der Axe der Seele festgestellet werden. Eben so ist es der Genauigkeit der Würfe vortheilhaft, bei sehr schwachen Ladungen den Raum über dem Pulver mit Heu oder Sägespähnen anzufüllen.

Liegt das zu bewerfende Festungswerk mit dem Kessel nicht auf gleichem Horizonte, sondern höher, so ist die Tangente des dem Mörser zu gebenden Elevationswinkels $= \frac{a + \sqrt{(a^2 - (b^2 + 2ac))}}{b}$; wenn man die größte Wurfweite mit derselben Ladung $= a$, die horizontale Entfernung des Zieles $= b$, und die Höhe desselben $= c$ setzet. Die letztere ist immer gleich der horizontalen Entfernung, multipliziret mit der Tangente des Abdachungswinkels.

Wenn im Gegentheil das Ziel niedriger als der Kessel ist, wird seine Höhe $- c$, und die Tangente des Elevationswinkels wird $= \frac{a - \sqrt{(a^2 - (b^2 - 2ac))}}{b}$.

Nächst der Elevation hat nothwendig auch die Ladung Einfluß auf die Wurfweiten: denn man siehet leicht, daß eine stärkere Ladung auch die Bombe weiter treiben muß. Bei nicht zu sehr von einander abweichenden Ladungen kann man ohne bedeutenden Irrthum annehmen: daß die Quadrate der Wurfweiten sich wie die Würfel der entsprechenden Ladungen verhalten. Hieraus läßt sich nachstehende Tafel berechnen, wenn man z. B. willkührlich annimmt: daß 1 Pfund Pulver 100 Schritt Wurfweite giebt.

19.) Progressionstafel der Ladungen.

Ladung ℔	Ladung Loth	Verhältniß-Zahlen der Wurfweiten	Ladung ℔	Ladung Loth	Verhältniß-Zahlen der Wurfweiten	Ladung ℔	Ladung Loth	Verhältniß-Zahlen der Wurfweiten
—	1	—	1	1	104	2	1	289
—	2	1	1	2	109	2	2	296
—	3	2	1	3	114	2	3	302
—	4	4	1	4	119	2	4	309
—	5	6	1	5	124	2	5	316
—	6	8	1	6	129	2	6	323
—	7	10	1	7	134	3	7	330
—	8	12	1	8	139	2	8	337
—	9	14	1	9	145	2	9	344
—	10	17	1	10	150	2	10	351
—	11	20	1	11	155	2	11	358
—	12	$22\frac{1}{2}$	1	12	161	2	12	366
—	13	$25\frac{1}{2}$	1	13	167	2	13	376
—	14	28	1	14	172	2	14	380
—	15	32	1	15	177	2	15	387
—	16	35	1	16	183	2	16	395
—	17	38	1	17	189	2	17	402
—	18	42	1	18	194	2	18	410
—	19	45	1	19	201	2	19	417
—	20	$49\frac{1}{2}$	1	20	207	2	20	425
—	21	$53\frac{1}{2}$	1	21	213	2	21	432
—	22	$57\frac{1}{2}$	1	22	219	2	22	440
—	23	61	1	23	221	2	23	448
—	24	65	1	24	235	2	24	456
—	25	69	1	25	237	2	25	469
—	26	$73\frac{1}{4}$	1	26	244	2	26	471
—	27	$77\frac{3}{4}$	1	27	250	2	27	479
—	28	$81\frac{3}{4}$	1	28	256	2	28	487
—	29	$86\frac{1}{2}$	1	29	263	2	29	495
—	30	$90\frac{3}{4}$	1	30	269	2	30	503
—	31	$95\frac{1}{2}$	1	31	276	2	31	511
1	—	100	2	—	282	3	—	519

Ladung ℔	Ladung Loth	Verhältniß-Zahlen der Wurfweiten	Ladung ℔	Ladung Loth	Verhältniß-Zahlen der Wurfweiten	Ladung ℔	Ladung Loth	Verhältniß-Zahlen der Wurfweiten
3	1	527	4	1	809	5	1	1128
3	2	535	4	2	818	5	2	1139
3	3	544	4	3	829	5	3	1144
3	4	552	4	4	836	5	4	1160
3	5	561	4	5	845	5	5	1170
3	6	569	4	6	856	5	6	1181
3	7	577	4	7	866	5	7	1191
3	8	585	4	8	877	5	8	1202
3	9	594	4	9	885	5	9	1213
3	10	602	4	10	895	5	10	1224
3	11	611	4	11	904	5	11	1234
3	12	620	4	12	915	5	12	1246
3	13	629	4	13	925	5	13	1257
3	14	637	4	14	934	5	14	1267
3	15	646	4	15	944	5	15	1278
3	16	654	4	16	954	5	16	1289
3	17	663	4	17	965	5	17	1300
3	18	672	4	18	974	5	18	1310
3	19	681	4	19	984	5	19	1322
3	20	690	4	20	994	5	20	1334
3	21	699	4	21	1004	5	21	1344
3	22	708	4	22	1014	5	22	1356
3	23	717	4	23	1025	5	23	1365
3	24	726	4	24	1035	5	24	1377
3	25	735	4	25	1046	5	25	1390
3	26	744	4	26	1056	5	26	1400
3	27	753	4	27	1066	5	27	1412
3	28	762	4	28	1076	5	28	1424
3	29	772	4	29	1086	5	29	1434
3	30	781	4	30	1097	5	30	1446
3	31	790	4	31	1107	5	31	1457
4	—	800	5	—	1118	6	—	1469

Genauer ist das Resultat, wenn man wirklich beobachtete Wurfweiten dabei zum Grunde leget, und alsdann nach diesen die Tafel berechnet. Man muß jedoch dabei im Stande seyn, von wenigstens 10 Würfen die Mittelzahl zu nehmen. Folgendes sind die durch die Erfahrung gefundenen Wurfweiten.

Kaliber des Mörsers.	Pulverladung.		Elevation.	Mittlere Wurfweite.	Differenz einzelner Würfe v. d. mittlern Wurfweite.	Zeitdauer des Fluges.
	℔	Loth	Grad	Schritt	Schritt	
10 ℔iger	—	12	30	559	—	8
	—	16	—	899	—	10
	—	24	—	1351	—	13
	1	—	—	1907	—	17
	1	8	—	2300	—	20
	—	12	45	659	—	10
	—	16	—	979	—	14
	—	24	—	1523	—	18
	1	—	—	2005	—	22
	1	8	—	2470	—	26
25 ℔iger	—	16	30	372	59	$6\frac{1}{4}$
	—	24	—	719	81	10
	1	8	—	1296	75	12,9
	2	8	—	2174	134	16,9
	—	16	45	441	14	9,75
	—	24	—	807	163	12,9
	1	8	—	1470	88	16
	2	8	—	2293	93	20,5

Kaliber des Mörsers.	Pulverladung.		Elevation.	Mittlere Wurfweite.	Differenz einzelner Würfe von d. mittlern Wurfweite.	Zeitdauer des Fluges.
50 Pfünder	Pfund	Loth	Grad	Schritt	Schritt	
	1	—	30	492	23	$7\frac{1}{2}$
	1	16	—	816	34	10
	2	8	—	1257	53	12
	3	—	—	1737	121	14
	3	16	—	1944	136	15
	1	—	45	586	41	11
	1	16	—	941	30	14
	2	8	—	1452	37	17
	3	—	—	1994	26	20
	3	16	—	2253	193	23

Der Zünder der 10pfündigen Bombe brannte, bei 4 Zoll Länge, 50 Secunden.

Der Zünder der 25pfündigen Bombe brannte, bei $5\frac{1}{4}$ Zoll Länge, 30 Sekunden.

Der Zünder der 50pfündigen Bombe brannte, bei 8 Zoll Länge, 43 Sekunden.

Als ungefähre Bestimmung der Wurfweiten der Französischen und Sächsischen Mörser kann man annehmen:

a) Bei den Französischen:

Kaliber des Mörsers.	Ladung.		Elevation.	Wurfweite
	℔	Loth	Grad.	Schritt.
10″ zu großen Weiten.	1	—	45	570
			60	495
			30	475
	2	—	45	1325
			41	1280
			60	1162
	2	16	45	1612
			40	1697
			60	1480
	3	—	45	1837
			39	1925
	5	—	45	2750
	6	16	45	3500
10″ zu kleinen Weiten.	1	—	45	775
			30	660
			60	662
	1	16	45	1200
			30	1075
			60	1022
	2	—	45	1625
			41	1377
			60	1287
	2	16	45	1742
			40	1942
			60	1597
	3	—	39	1992
8″	—	10	45	412
			60	397
	—	20	45	987
			60	830
	—	30	45	1467
			41	1510
	1	8	45	1602
			40	1600
			60	1500

b) Bei den Sächsischen:

Kaliber des Mörsers.	Ladung.		Elevation.	Wurfweite	Zeitdauer des Fluges
	℔	Loth	Grad.	Schritt	Secund.
48 ℔ige	1	8	45	641	
			40	640	
	2	12	25	800	23
	3	4	26	1200	30
	3	24	32	1600	36
	4	12	45	2000	36
	5	—	31	1000	—
32 ℔ige	2	—	32	800	20
	2	24	32	1200	24
	3	16	32	1600	34
	4	8	45	2000	36
24 ℔ige	1	24	23	800	24
	2	—	32	1200	30
	2	16	30	1600	36

Da nach der Erfahrung nicht 45°, sondern 40 bis 43 Grad die größten Wurfweiten geben, sollte man immer diese Elevation wählen, sobald man sie unverändert beibehalten und die gehörige Weite durch Abnahme oder Zusatz der Ladung erreichen will.

20.) Tempiren der Zünder.

Zu lange Bombenzünder haben den Nachtheil, daß der Feind Zeit hat, sich in Sicherheit zu setzen, ehe die

Bombe krepiret. Man muß daher die Zünder im Verhältniß der zu erreichenden Wurfweite, d. h. der Dauerzeit der Flugbahn, tempiren. Es verhalten sich nämlich die Längen der Zünder wie die Zeiten, worin sie verbrennen. Wird demnach bei einem Zünder beobachtet, wie viele Tempo's oder Sekunden er brennt, und wird seine Länge mit der Dauer der Flugbahn verglichen: so ergiebt sich die erforderliche Länge des Zünders unter dem Kopfe, woselbst er angebohret wird, um die Bombe im Momente des Niederfallens zu zünden. Z. B. hätte der 6 Zoll lange Zünder 36 Sekunden gebrannt, die Bombe aber nur 20 Sekunden zugebracht, das Ziel zu erreichen; wird:

$36 : 20 = 6 : \frac{120}{36}$, daher $3\frac{1}{2}$ Zoll die zugehörige Länge.

Wäre man jedoch genöthiget, die Längen der Zünder vorher zu berechnen, geschiehet dieses nach dem Satze: daß die Quadrate der Längen der Zünder sich verhalten wie die Wurfweiten multiplizirt mit den Tangenten der Richtwinkel. Es ist demnach die an gemessene Länge des Zünders $\frac{1}{2{,}1} \sqrt{\frac{L.\ \text{tang.}\ v}{g}}$; und drückt L die Wurfweite, v den Elevationswinkel, und g den Fall der schweren Körper in der ersten Sekunde aus, = 2,516 Toisen = 15,625 Preuß. Fuß.

21.) Stein- und Erdwürfe.

Die Steinkörbe werden entweder für sich besonders, oder auch unmittelbar auf dem Hebespiegel selbst geflochten, und mit einer, verhältnißmäßig schwachen Ladung, aus den Steinmörsern geworfen.

Die Größe der Steine ist so, daß sie 1 bis 2 Pfund wiegen; zur Ladung hat sich bei einem 14zolligen Mörser $\frac{1}{2}$ Pfund Pulver als hinreichend erwiesen, um eine Wurfweite von 200 Schritt zu erhalten.

Die Ausbreitung eines Steinwurfes von 30 bis 40 Steinen, die 1 Centner 12 Pfund wiegen, beträgt nach der Länge ohngefähr 86 bis 223 Schritt, und nach der Breite 88 bis 216 Schritt.

Fehlt es in der Festung an Steinmörsern: kann man vermittelst der Erdmörser oder Erdwürfe ohngefähr dieselbe Wirkung erreichen. Zu dem Ende wird ein hölzerner, würfelförmiger Kasten, oder eine eiserne Kammer, oder auch ein großer Mörser der Kaufleute oder Apotheker unter einem Winkel von 40 — 43 Grad, 4 bis 5 Fuß tief in die Erde gegraben, daß er einem andern größern Fasse, von 2 bis 3 Fuß Weite, zur Pulverkammer dienet.

Die Ladung wird durch die Last der zu werfenden Steine bestimmt: auf jedes Pfund 2 bis 3 Loth Pulver. Auf die Ladung kommt ein 3 bis 4 Zoll dicker Hebespiegel, und auf diesen werden die Steine in das, unter demselben Winkel wie die Kammer eingegrabene, große Faß dergestalt gepackt, daß die größten unten, und die kleinern auf sie zu liegen kommen, bis das große Faß auf $\frac{2}{3}$ angefüllt ist. Das Zünden geschiehet vermittelst einer Stopine, welche in einer 1 Zoll weiten Röhre von Blech, Holz oder Carton, durch den Hebespiegel und die Ladung, bis vor die Mündung heraus geführet wird. Bei einem Versuch in Gibraltar wurden auf diese Weise 1350 Pfund Steine mit 27 Pfund Ladung auf 900 Schritt, und mit 54 Pfund Ladung auf 1100 Schritt geworfen.

22.) Logarithmen der Sinus und Tangenten der Richtwinkel.

Grad u. ½°	Log. Sinus.	Log. Cosinus.	Log. Tang.	Log. Cotang.	Grad.
15	9. 41299	9. 98494	9. 42805	10. 57194	75
— ½	9. 42689	9. 98391	9. 44298	10. 55701	74½
16	9. 44033	9. 98284	9. 45749	10. 54250	74
— ½	9. 45334	9. 98173	9. 47114	10. 52885	73½
17	9. 46593	9. 98059	9. 48533	10. 51466	73
— ½	9. 47814	9. 97941	9. 49872	10. 50127	72½
18	9. 48998	9. 97820	9. 51177	10. 48822	72
— ½	9. 50147	9. 97695	9. 52451	10. 47548	71½
19	9. 51264	9. 97567	9. 53697	10. 46302	71
— ½	9. 52349	9. 97434	9. 54914	10. 45085	70½
20	9. 53405	9. 97298	9. 56106	10. 43893	70
— ½	9. 54432	9. 97158	9. 57273	10. 42726	69½
21	9. 55432	9. 97015	9. 58417	10. 41582	69
— ½	9. 56407	9. 96867	9. 59539	10. 40460	68½
22	9. 57357	9. 96716	9. 60640	10. 39359	68
— ½	9. 58283	9. 96561	9. 61722	10. 38277	67½
23	9. 59187	9. 96402	9. 62785	10. 37214	67
— ½	9. 60069	9. 96239	9. 63830	10. 36169	66½
24	9. 60931	9. 96073	9. 64858	10. 35141	66
— ½	9. 61772	9. 95902	9. 65870	10. 34129	65½
25	9. 62594	9. 95728	9. 66867	10. 33132	65
— ½	9. 63398	9. 95548	9. 67849	10. 32150	64½
26	9. 64184	9. 95366	9. 68818	10. 31181	64
— ½	9. 64952	9. 95179	9. 69773	10. 30226	63½
27	9. 65704	9. 94988	9. 70716	10. 29283	63
— ½	9. 66440	9. 94792	9. 71647	10. 28352	62½
28	9. 67160	9. 94593	9. 72767	10. 27432	62
— ½	9. 67866	9. 94389	9. 73476	10. 26523	61½
29	9. 68557	9. 94181	9. 74375	10. 25624	61
— ½	9. 69233	9. 93969	9. 75264	10. 24735	60½
°	Log. Cosinus.	Log. Sinus.	Log. Cotang.	Log. Tangent.	°

Grad u. ½ °	Log. Sinus.	Log. Cosinus.	Log. Tangent.	Log. Cotang.	Grad
30	9. 69897	9. 93753	9. 76143	10. 23856	60
—½	9. 70546	9. 93532	9. 77014	10. 22985	59½
31	9. 71183	9. 93306	9. 77877	10. 22122	59
—½	9. 71808	9. 93076	9. 78731	10. 21268	58½
32	9. 72420	9. 92842	9. 79578	10. 20421	58
—½	9. 73021	9. 92602	9. 80418	10. 19581	57½
33	9. 73610	9. 92359	9. 81251	10. 18748	57
—½	9. 74188	9. 92110	9. 82078	10. 17921	56½
34	9. 74756	9. 91857	9. 82898	10. 17101	56
—½	9. 75312	9. 91599	9. 83713	10. 16286	55½
35	9. 75859	9. 91336	9. 84522	10. 15477	55
—½	9. 76395	9. 91068	9. 85326	10. 14673	54½
36	9. 76921	9. 90795	9. 86126	10. 13873	54
—½	9. 77438	9. 90517	9. 86920	10. 13079	53½
37	9. 77946	9. 90234	9. 87711	10. 12288	53
—½	9. 78444	9. 89946	9. 88498	10. 11501	52½
38	9. 78934	9. 89653	9. 89280	10. 10719	52
—½	9. 79414	9. 89354	9. 90060	10. 09939	51½
39	9. 79887	9. 89050	9. 90836	10. 09163	51
—½	9. 80351	9. 88740	9. 91610	10. 08389	50½
40	9. 80806	9. 88425	9. 92381	10. 07618	50
—½	9. 81254	9. 88104	9. 93149	10. 06850	49½
41	9. 81694	9. 87777	9. 93916	10. 05083	49
—½	9. 82126	9. 87445	9. 94680	10. 05319	48½
42	9. 82551	9. 87107	9. 95443	10. 04556	48
—½	9. 82968	9. 86763	9. 96205	10. 03794	47½
43	9. 83378	9. 86412	9. 96965	10. 03034	47
—½	9. 83781	9. 86056	9. 97725	10. 02275	46½
44	9. 84177	9. 85693	9. 98483	10. 01516	46
—½	9. 84566	9. 85324	9. 99241	10. 00758	45½
45					45
°	Log. Cosin.	Log. Sinus.	Log. Cotang.	Log. Tang.	°

23.) Logarithmen der Wurfweiten.

Schritt.	Logarithm.	Schritt.	Logarithm.	Schritt.	Logarithm.
100	2. 00000	450	2. 65321	1075	3. 03140
125	2. 09691	475	2. 67669	1100	3. 04139
130	2. 11394	500	2. 69897	1125	3. 05115
135	2. 13033	525	2. 72015	1150	3. 06069
140	2. 14612	550	2. 74036	1175	3. 07003
145	2. 16136	575	2. 75966	1200	3. 07918
150	2. 17609	600	2. 77815	1225	3. 08813
155	2. 19033	625	2. 79588	1250	3. 09691
160	2. 20412	650	2. 81291	1275	3. 10551
165	2. 21748	675	2. 82930	1300	3. 11394
170	2. 23044	700	2. 84509	1325	3. 12221
175	2. 24303	725	2. 86033	1350	3. 13033
180	2. 25527	750	2. 87506	1275	3. 13830
185	2. 26717	775	2. 88930	1400	3. 14612
190	2. 27875	800	2. 90309	1425	3. 15381
200	2. 30103	825	2. 91645	1450	3. 16136
225	2. 35218	850	2. 92941	1475	3. 16879
250	2. 39794	875	2. 94200	1500	3. 17609
275	2. 43933	900	2. 95424	1525	3. 18326
300	2. 47712	925	2. 96614	1550	3. 19033
325	2. 51188	950	2. 97772	1575	3. 19728
350	2. 54406	975	2. 98900	1600	3. 20412
375	2. 57403	1000	3. 00000	1625	3. 21085
400	2. 60206	1025	3. 01072	1650	3. 21748
425	2. 62838	1050	3. 02118	1675	3. 22401

Schritt.	Logarithm.	Schritt.	Logarithm.	Schritt.	Logarithm.
1700	3. 23044	2075	3. 31701	2450	3. 38916
1725	3. 23678	2100	3. 32221	2475	3. 39357
1750	3. 24303	2125	3. 32735	2500	3. 39794
1775	3. 24919	2150	3. 33243	2525	3. 40226
1800	3. 25527	2175	3. 33745	2550	3. 40654
1825	3. 26126	2200	3. 34242	2575	3. 41077
1850	3. 26717	2225	3. 34733	2600	3. 41497
1875	3. 27300	2250	3. 35218	2650	3. 42324
1900	3. 27875	2275	3. 35698	2700	3. 43136
1925	3. 28443	2300	3. 36173	2750	3. 43933
1950	3. 29003	2325	3. 36642	2800	3. 44715
1975	3. 29556	2350	3. 37106	2850	3. 45484
2000	3. 30103	2375	3. 37566	2900	3. 46239
2025	3. 30642	2400	3. 38021	2950	3. 46982
2050	3. 31175	2425	3. 38471	3000	3. 47712